युद्धको कला

युद्धको कला

सुन-जू

SANAGE
PUBLISHING HOUSE

Paperback: 978-936205516-3
eBook: 978-936205053-3

Sanage Publishing House LLP
Mumbai, India

sanagepublishing@gmail.com

संसारको सबैभन्दा पुरानो सैन्य सम्झौता

पुस्तक परिचय एवम् आलोचनात्मक बिन्दुहरू सहित
लियोनेल जाइल्स (एमए, 1910) द्वारा चिनियाँ
भाषाबाट अनूदित

भाइको सम्झनामा

क्याप्टेन भ्यालेन्टाइन जाइल्स, आरजी

2400 वर्ष पहिले लेखिएको यो ग्रन्थ आज पनि सैनिकहरूले
विचार गर्न योग्य साबित हुन सक्छ भन्ने आशामा, प्रस्तुत अनुवाद
ग्रन्थ स्नेह सहित समर्पित छ।

सुन-जू एक चिनियाँ जनरल, सैन्य रणनीतिकार, लेखक र दार्शनिक थिए। सुन-जूलाई परम्परागत रूपमा 'द आर्ट अफ वार' का लेखकको रूपमा श्रेय दिइन्छ। यो एक प्रभावशाली सैन्य रणनीति हो जसले पश्चिम र पूर्वी एसियाली दर्शन र सैन्य सोच दुवैलाई प्रभावित गरेको छ। 2,500 वर्ष पहिले लेखिएको यो पुस्तक आज पनि सान्दर्भिक छ।

सुन-जूको कामको प्रशंसा गरिएको छ र यो लेखिदेखि नै पूर्वी एशियाली देशहरूले उनीहरूको युद्धहरूमा प्रयोग गर्दै आएका छन्। कम्युनिष्ट चिनियाँ नेता माओ से तुङ्ले सन् 1949 मा चियाङ काई-शेकमाथिको विजयको आंशिक श्रेय यस पुस्तकलाई दिएका थिए। भियतनाममा, जनरल गिलापले यस पुस्तकका सिद्धान्तहरू अनुसरण गरेर फ्रान्सेली र अमेरिकी सेनाहरू माथि विजय हासिल गरेका थिए। पराजयपछि अमेरिकी सैन्य अधिकारीहरूको ध्यान सुन-जूको यो किताबतर्फ गएथ्यो।

बीसौं शताब्दीमा, 'द आर्ट अफ वार'को लोकप्रियता बढ्यो र पश्चिमी समाजमा यसको व्यावहारिक प्रयोग देखियो। 'द आर्ट अफ वार' संस्कृति, राजनीति, व्यापार, खेलकुद र आधुनिक युद्धजस्ता विश्वका धेरै प्रतिस्पर्धात्मक प्रयासहरूलाई प्रभाव पार्न सक्षम छ। यस पुस्तकमा उल्लिखित युद्ध कला, रणनीति र जिन्ने नीतिहरू प्रतिस्पर्धा भएका हरेक क्षेत्रमा प्रस्तुत पुस्तक उपयोगी छ।

विषय सूची

लियोनेल जाइल्सको प्रस्तावना

संस्मरणको सातौँ खण्ड इतिहास, विज्ञान, कला, शिष्टाचार, उपयोगसँग सम्बन्धित छ। चिनियाँ जनता युद्धको कलामा समर्पित छन्। 'द आर्ट अफ वार' मा सन-जूका विचारहरू र अन्य सम्झौताहरू समावेश छन्। यो जेसुइट फादर जोसेफ एमियट द्वारा चिनियाँ भाषाबाट अनुवाद गरिएको थियो। फादर एमियटले चिनियाँ भाषाको विद्वानको रूपमा धेरै मेहनत गरेको देखिन्छ र आफ्नो प्रतिष्ठाको कुनै फाइदा उठाएन। उनको प्रयासको दायरा पक्कै पनि फराकिलो थियो। तर उनको तथाकथित अनुवाद सुन-जू, यदि मौलिकसँग छेउमा राखिएको छ भने, एकै पटक मात्र बहाना भन्दा अलि राम्रो मान्न सकिन्छ। यस अनुवादमा सुन-जूले नलेखेको धेरै समावेश छ। यथार्थवादी रूपमा भन्नुपर्दा, सुन-जूले के गरे भन्ने बारेमा धेरै कम छ। यो प्रमाणित गर्नको लागि, उदाहरण यहाँ दिइएको छ, जुन अध्याय ५ को सुरुवातका वाक्यहरूबाट लिइएको छ-

सरकारको रणनीतिमा सैनिकको सीपको ठुलो महत्व हुन्छ। सुन-जू भन्दछन्ः सामान्य र मातहत दुवै अवस्थामा सबै अधिकारीहरूको नाम राख्नुहोस्। तिनीहरूलाई अलग-अलग कोटीहरूमा दर्ता गर्नुहोस्। तिनीहरूमध्ये प्रत्येकको प्रतिभा र क्षमताको मूल्याङ्कन गरेर अङ्कहरू निर्धारण गर्नुहोस्। ताकि समय आएको खण्डमा देश हितमा उपयोग गर्न सकियोस्। सुनिश्चित गर्नुहोस् कि तपाईँले कसैलाई आदेश दिनुहुन्छ भनेर बुझ्नुहोस् कि तपाईँको मुख्य चासो तिनीहरूलाई हानिबाट बचाउनु हो। तपाईँले शत्रुको विरुद्धमा नेतृत्व गर्ने सेना शत्रुहरूलाई हान्ने ढुङ्गाहरू जस्तै हुनुपर्छ। तपाईं र तपाईँको शत्रु, बलियो र कमजोर, र सिद्ध र सिद्ध बिच कुनै भिन्नता हुनु हुँदैन। खुला रूपमा आक्रमण गर्नुहोस्, तर गोप्य रूपमा

जितुहोस्। यी केहि चीजहरू हुन् जसले देखाउँदछ कि सैन्य सरकारको सीप र पूर्णतामा के समावेश छ।

उन्नाइसौं शताब्दीमा चिनियाँ साहित्य बुझ्ने मानिसहरूको संख्यामा ठुलो वृद्धि भएको थियो। तर, सुन-जूले लेखेका पुस्तकहरू अध्ययन गर्न अथवा घोत्लिन कुनै पनि अनुवादकले साहस गरेनन्।

जबकि उनको काम चीनमा सैन्य विज्ञानको पुरानो र सबै भन्दा राम्रो संग्रहको रूपमा अत्यधिक मूल्यवान थियो। सन् 1905 सम्म, सुन जूका पुस्तकहरूको अङ्ग्रेजी अनुवादहरू थिएनन्। सोही वर्ष क्याप्टेन ईएफ क्याल्थ्रोप आरएफए द्वारा सुन-जूको 'द आर्ट अफ वार'को पहिलो अङ्ग्रेजी अनुवाद टोकियोमा 'सोन-शी' (सुन-जूको जापानी रूप) शीर्षकमा देखा पर्‍यो। दुर्भाग्यवश, यो अनुवादले मानिसहरूलाई सुन-जूका कुराहरू सही अर्थमा बयान गर्न सकेन। यो स्पष्ट थियो कि अनुवादकको चिनियाँ भाषाको ज्ञान यति सीमित थियो कि उनले सुन-जूका कठिन शब्दहरू बुझ्न सकेनन्। दुईजना जापानी सज्जनहरूको सहयोगबिना अनुवाद असम्भव हुने थियो भनी उनी आफैँ खुलेर स्वीकार्छन्। हामी केवल आश्चर्यचकित हुन सक्छौं कि तिनीहरूको सहयोग बिना यो कति खराब हुन्थ्यो। यो अनुवादमा भएका गल्तीहरूको मात्र प्रश्न होइन, जसबाट कसैले पनि पूर्ण रूपमा छुट पाउने आसा गर्न सक्दैन। यहाँ बारम्बार गल्तीहरू भएका छन्। पुस्तकका कठिन भागहरूलाई जानाजानी विकृत वा अर्को दिशामा मोडियो। त्यस्ता अपराधहरू क्षमायोग्य छैनन्। तिनीहरूलाई ग्रीक वा ल्याटिन क्लासिक्सको कुनै पनि संस्करणमा सहन गरिने छैन। चिनियाँ भाषाबाट अनुवाद गर्दा, इमानदारिताका साथै मानकलाई जोड दिनुपर्छ। मलाई विश्वास छ यो अनुवाद यस प्रकारका दोषहरूबाट मुक्त छ। यो मेरो आफ्नै बुझाइ थियो। यसका लागि मैले मेरो अनुमानलाई कुनै पनि हिसाबले बढाइचढाइ गरेको छैन। तर, मलाई सुन-जू उहाँभन्दा राम्रो भाग्यको हकदार भएको महसुस भयो र मलाई थाहा थियो कि म मेरा पूर्ववर्तीहरूको काममा सुधार गर्न असफल भएँ। 1908 को अन्त्यमा क्याप्टेन क्याल्थ्रोपको अनुवादको नयाँ र संशोधित संस्करण लण्डनमा प्रकाशित भयो। यद्यपि, यस पटक उनले कुनै जापानी सहयोगी बिना यो पूरा गरे। मेरो पहिलो तीन अध्यायहरू पहिले नै प्रिन्टरको हातमा थिए, ताकि यसमा समावेश क्याप्टेन क्याल्थ्रोपको आलोचनाहरू तिनीहरूको अघिल्लो संस्करणको सन्दर्भमा बुझ्न सकिन्छ। क्याल्थ्रोपलाई उसको अघिल्लो संस्करणको सन्दर्भमा बुझ्नुपर्छ। यो पहिलो अनुवादको समग्र सुधार हो। मलाई लाग्छ अझै धेरै बाँकी छ जुन सहयोग

बिना पूरा हुन सक्दैन। केही प्रमुख त्रुटिहरू सच्याइएका छन् र कमजोरीहरूलाई सुधार गरिएको छ। तर, अर्कोतर्फ, नयाँ गल्तीहरूको ठुलो संख्या पनि देखा पर्‍यो। परिचयको पहिलो वाक्य आश्चर्यजनक रूपमा गलत छ। सुन-जू प्रतिका पछिल्ला जापानी टिप्पणीकारहरूको सेना (यिनीहरू को हुन्?) सही छैनन्। चिनियाँ टिप्पणीकारहरूको बारेमा एक शब्द पनि प्रमाणित गरिएको छैन, तर म यो जोड दिन सक्छु कि यसले असंख्य र असीमित रूपमा अझ महत्त्वपूर्ण सेनाको निर्माणसँग सम्बन्धित छ।

हालको खण्डका केही विशेष सुविधाहरू अब देख्न सकिन्छ। सबैभन्दा पहिले, पाठलाई सन्दर्भ स्पष्ट गर्न र सामान्यतया विद्यार्थीहरूको सुविधाका लागि अङ्कित अनुच्छेदहरूमा विभाजन गरिएको छ। यो विभाजनले सुन-जूको संस्करणलाई व्यापक रूपमा पछ्याउँछ।

तर कहिलेकाहिँ मैले उहाँका दुई वा बढी अनुच्छेदहरू एकमा जोड्नु वाञ्छनीय पाएको छु। अन्य कार्यहरू उद्धृत गर्दा, चिनियाँ लेखकहरूले सन्दर्भहरू मार्फत विरलै सीधा र सफा शीर्षकहरू दिन्छन्। जसका कारण अनुसन्धानको नतिजामा गम्भीर असर परेको छ। यस कठिनाइलाई हटाउन मैले सन्दर्भहरूमा सुन-जूको सन्दर्भमा चिनियाँ अक्षरहरूको पूर्ण सहमति थपेको छु। यसमा लेगको उदाहरण प्रशंसनीय छ। यद्यपि, यस विभाजनको लागि प्राथमिकता दिइएको वर्णमाला व्यवस्थाको आधारभूत रूप सुन-जूले अपनाएका थिए। 'द चाइनिज क्लासिक्स'बाट लिइएको अर्को विशेषता भनेको एउटै पृष्ठमा पाठ, अनुवाद र नोटहरू छाप्नु हो। यद्यपि, नोटहरू चिनियाँ अभ्यास अनुसार तिनीहरूले उल्लेख गरेको अनुच्छेद पछि तुरुन्तै सम्मिलित हुन्छन्। देशीय टिप्पणीहरूको मार्फत् मेरो उद्देश्य राम्रा कुराहरू मात्र बाहिर ल्याउनु हो। चिनियाँ पाठमा यहाँ र त्यहाँ सन्दर्भहरू थप्दा साहित्यिक रुचिका बिन्दुहरू प्रस्तुत हुन्छन्। यद्यपि यो आफ्नै अधिकारमा चिनियाँ साहित्यको महत्त्वपूर्ण शाखा हो, यस प्रकारको धेरै कम टिप्पणीहरू कुनै पनि अनुवादद्वारा प्रत्यक्ष रूपमा उपलब्ध गराइएको छ।

अनुवाद कार्य सम्पन्न भई प्रकाशित भइसकेकाले कृतिले अन्तिम परिमार्जनको लाभ नपाएको निष्कर्षमा पुग्छु। यसलाई राम्ररी समीक्षा गरेपछि र मेरा आलोचनाहरूको वस्तु परिमार्जन नगरी, मैले यसलाई प्रकाशित गर्न अनुमति दिएँ। यो मेरो उदासीनता थियो। म केही उदाहरणहरूमा गल्तीहरू कम गर्न झुकाव भएको हुन सक्छ।

तर, यो अँध्यारोमा गदा घुमाएझैं थियो। त्यसै कारणले गर्दा मेरो घुँडालाई कडा प्रहार भए पनि म चिच्याउँदिनथें। यो मेरो गल्तीको प्रायश्चित जस्तै थियो। वास्तवमा, मैले प्रत्येक अनुवादित खण्डको लागि पाठ वा सन्दर्भहरू प्रदान गरेर भविष्यका विपक्षीहरूलाई मौका दिन आफैलाई गाह्रो बनाएको छु। सांघाई आलोचकको घृणित समीक्षा, जसले अनुवादलाई सतही रूपमा मात्र जान्दछन्, म स्वीकार गर्छु, पूर्णतया अनुचित हुनेछैन। आखिर, ओलिभर गोल्डस्मिथको उपन्यास 'द भिकार अफ् वेकफिल्ड'मा जर्जको चरित्र जस्तो साधारण विरोधाभासहरूको सामना गर्दै मैले यो सबै डराउनु पर्छ।

परिचय

सुन–जू र उनको पुस्तक

(1)   सुन-जुको जीवनी वर्णन गर्दा, सु-मा चिएन भन्छन्: सुन-जू ची प्रान्तका मूल निवासी थिए।

उनले लेखेको 'द आर्ट अफ वार' पुस्तकले वुका राजा हो लूको ध्यान आकर्षण गर्‍यो। किताब पढेपछि राजा हो लूले सुन-जूलाई बोलाइ पठाए। सुन-जू आइपुग्दा राजा हो लूले उनलाई सोधे-

"मैले तिम्रो 13 अध्याय ध्यानपूर्वक पढेको छु। के म तपाईंको सेना व्यवस्थापनका सिद्धान्तहरू परीक्षण गर्न सक्छु?"

सुन-जूले जवाफ दिनुभयो: अवश्य पनि, महाराज।

हो-लूले सोधे: 'के यो महिलाहरूमा पनि लागू हुन्छ?'

यसको जवाफमा सुन-जूले आफ्नो सहमति व्यक्त गरे। त्यसपछि दरबारबाट 180 जना महिलाको व्यवस्था गरिएको थियो। सुन-जूले महिलाहरूलाई दुई समूहमा विभाजन गरे र राजाको भरपर्दो र मनपर्ने महिलाहरूमध्ये दुई जनालाई प्रत्येक समूहको प्रमुख बनाए। त्यसपछि उनले ती महिलाहरूमध्ये प्रत्येकलाई हातमा भाला दिए र उनीहरूलाई सम्बोधन गर्दै भने, 'मैले बुझें कि तपाईंहरू सबै अगाडि र पछाडि, दायाँ र बायाँ बिचको भिन्नता बुझ्नुहुन्छ?'

सबै महिलाहरूले जवाफ दिए: हो

सुन–जूले फेरि भने, जब म 'अगाडि हेर' भन्छु, तिमीले सिधै अगाडि हेर्नुपर्छ। जब म 'बायाँ घुम्नुहोस्' भन्छु, तपाईंहरू सबै आफ्नो बायाँतिर फर्कनुहुनेछ। जब म 'दायाँ घुम्नुहोस्' भन्छु, तपाईंहरू आफ्नो दायाँ घुम्नुहुनेछ। जब म भन्छु, 'पछाडि

फर्कनुहोस्', तपाईंहरूले आफ्नो ठिक पछाडि सीधा फर्काउनु पर्छ।

सुन-जूले सोधे: मैले भनेको कुरा बुझ्नुभयो?

सबै महिलाले सहमति स्वरूप टाउको हल्लाए। यसपछि ड्रिलको कारवाही सुरु भयो। यसरी आदेशका शब्दहरू व्याख्या गरेपछि उनले ड्रिल सुरु गर्न महिलाहरूलाई कतारमा उभ्याउने व्यवस्था गरें। ड्रमको आवाजसँगै उनले आदेश दिए, 'दायाँ घुम।' तर दायाँ फर्कनुको सट्टा महिलाहरू हाँस्न थाले। यसबारे सुन-जूले भने, 'यदि आदेश स्पष्ट र बुलन्द छैन भने, आदेश पूर्णरूपमा बुझिएन भने त्यो कमाण्डरको गल्ती हो।

उनले फेरि महिलाहरूलाई ड्रिल गर्न अह्राए र यस पटक आदेश दिए, 'बायाँ घुम्नुहोस्।' यसपटक पनि महिलाहरू चर्को स्वरले हाँस्न थाले।

सुन-जूले फेरि धैर्यपूर्वक भने, 'यदि दिइएको आदेश निश्चित र स्पष्ट रूपमा सुनिने छैन, र यदि आदेश राम्रोसँग बुझिएको छैन भने त्यो सेनापति दोषी छ। तर, यदि उनको आदेश निश्चित र स्पष्ट छ र सिपाहीहरूले पालन गरेनन् भने, दोष तिनीहरूका अधिकारीहरूको हो।

यसो भन्दै उनले दुवै समूहका मुखियाहरूको टाउको काट्ने आदेश दिए। बूका राजाले एउटा अग्लो मण्डपबाट यो सबै हेरिरहेका थिए। जब उनले देखे कि उनैका दुई विश्वासी र मनपर्ने महिलाहरू मारिन लागेका छन् तब उनी डराए। उनले तुरुन्तै सुन-जूलाई सन्देश पठाए, 'हामी सन्तुष्ट छौं कि दुई प्रमुखहरूले सेनालाई सम्हाल्न सक्छन्। यी दुई विश्वासी र मायालु महिलाको प्रस्थानले हाम्रो खाना र मदिराको आनन्द घट्नेछ। हाम्रो इच्छा छ उनीहरुको ज्यान बक्सियोस्।'

सुन-जूले जवाफ दिए, 'महाराजले मलाई सेनापति बनाइसकेपछि परिस्थितिले चाहेअनुसार म उहाँका केही आदेशहरू मान्न इन्कार गर्न सक्छु।

यसपछि सुन-जूले राजाका विश्वासपात्र र मन पर्ने महिला दुवैको शिर काटिदिए र प्राथमिकताका आधारमा उनको ठाउँमा अन्य दुई महिलालाई उक्त समूहको प्रमुख बनाए। एकपटक सम्पूर्ण प्रक्रिया पूरा भएपछि, ड्रिलको लागि ड्रमहरू फेरि बजाइयो। यसपछि महिलाहरू दायाँ घुमे, बायाँ घुमे, पछाडि फर्के, घुँडा टेकेर बसे, उठे, सबै कुनै आवाज नगरि आदर्श रूपमा प्रदर्शन गरें। यसपछि सुन-जूले राजाकहाँ दूत पठाएर भने, 'महाराज, तपाईंका सेनाहरू अहिले राम्रोसँग अनुशासित छन् र तपाईंको निरीक्षणको लागि तयार छन्। तपाईंले तिनीहरूलाई कुनै पनि कामको लागि प्रयोग गर्न सक्नुहुन्छ, तपाईंले तिनीहरूलाई आगोमा हाम फाल्न र पानीमा डुब्न भन्नुभयो भने पनि तिनीहरूले अनाज्ञाकारी हुनेछैनन्।'

तर राजाले जवाफ दिए, 'हाम्रा सेनापतिलाई सिपाहीहरूको अभ्यास रोक्न भन्नुहोस्। जहाँसम्म हाम्रो चिन्ता छ, हामी तल आएर सेनाको निरीक्षण गर्न चाहँदैनौँ।'

यसका लागि सुन-जूले भने, 'राजालाई शब्दमा मात्रै मन छ, उसले आफ्नो वचनलाई कर्ममा बदल्न सक्दैन।'

राजाले बुझे कि सुन-जूलाई सेनालाई कसरी चलाउने राम्रोसँग थाहा छ। उनले तुरुन्तै सुन-जूलाई आफ्नो सेनापति नियुक्त गरे। सुन-जूले आफ्नो बुद्धिमत्ता र कुशल रणनीतिका साथ पश्चिमको चू राज्यलाई हराएर राजधानी यिङ्मा प्रवेश गरे। उत्तरमा, उनले ची र चिन नामक राज्यका राजाहरूमा डर पैदा गरे र विदेशमा सामन्ती राजकुमारहरूमा आफ्नो कीर्ति फैलाए। चाँडै सुन-जूको शक्ति राजाको बराबर भयो।

सु-माले हामीलाई यस अध्यायमा चिएन सुन-जूका बारेमा बताउनुहुन्छ। तर, उनले आफ्नो प्रसिद्ध पुर्खा र आफ्नो समयको उत्कृष्ट सैन्य प्रतिभाको मृत्यु भएको करिब सय वर्षपछि जन्मिएको सुन-पिनको जीवनी बताउछन्। इतिहासकारहरूले पनि उहाँलाई सुन-जूको रूप मान्दछन्, र उहाँको प्रस्तावनामा हामी पढ्छौँ: 'सुन-जूका खुट्टा काटिएका थिल तर पनि उनले युद्धको कलाको चर्चा गरिरह्यो।' त्यसपछि उनलाई चोट लागेपछि 'पिन' उपनाम दिइएको देखिन्छ। यो नाम उनको साथमा रह्यो जबसम्म उनको नाम सर्वत्र प्रसिद्ध भयो। उनको जीवनको सबैभन्दा महत्त्वपूर्ण घटना उनको विश्वासघाती प्रतिद्वन्द्वी पांग-चुआनको कुचल हार थियो। यो नोट वी 19 का रूपमा प्रासंगिक अध्यायमा छोटकरीमा फेला पर्नेछ।

पहिले उल्लेख गरिएको सुन-जूमा फर्केर, शिह चीका अन्य दुई टुक्राहरूमा उनको उल्लेख छ -

आफ्नो शासनकालको तेस्रो वर्ष (512 ईसापूर्व), वुका राजा हो लूले जु-सू (अर्थात् वु युआन) र पो-पेईसँग मिलेर चुलाईमा आक्रमण गरे। उनले शू सहर कब्जा गरे र दुई राजकुमारका छोराहरूलाई मारे। राजकुमारहरूका छोराहरू पहिले वुका सेनापतिहरू थिए। यसपछि उनी यिङ (राजधानी) मा आक्रमण गर्न चाहन्थे। यसपछि जनरल सुन-वूले राजालाई सेना थकित भएको बताए। यो अहिले सम्भव छैन। हामीले पर्खनुपर्छ। (अझ थप सफल लडाइहरू पछि) 'नौँ वर्ष (506 ईसापूर्व) मा, राजा हो लूले वु-जु-सू र सुन-वूलाई सम्बोधन गर्दै यसो भने: 'पूर्वमा, तपाईँले घोषणा गर्नुभयो कि यिङ्मा हाम्रो लागि प्रवेश गर्न सम्भव थिएन।। के अब समय भयो?' दुई जना मानिसले जवाफ दिए: 'चूका सेनापति त्जू-चांग,

(4) निर्लज्ज र लालची छ, र तांग र त्साई दुवैका राजकुमारहरूले उहाँ विरुद्ध घृणा गरेका छन्। यदि महामहिमले ठुलो आक्रमण गर्ने संकल्प गर्नुभएको छ भने, तपाईले ताङ र त्साई दुवैलाई जिनुपर्छ, तब मात्र तपाई सफल हुन सक्नुहुन्छ। 'हो-लूले यो सल्लाह पालन गरें, (पाँचवटा लडाईहरूमा चुलाई पराजित गरी यिङमा प्रवेश गरे।) (5)

यो नयाँ मिति हो कि सुन-वूका बारेमा केहि पनि रेकर्ड गरिएको छ। यसमा भनिएकोछ, यो देखिन्छ कि ऊ आफ्नो संरक्षकबाट बाँचेको छैन। 496 ईसा पूर्वमा एक घातक घाउबाट उनको मृत्यु भएथ्यो। यो खण्ड अर्को अध्यायमा पाइन्छ: (6) केही समयपछि एकपछि अर्को धेरै प्रसिद्ध सैनिकहरू देखा परे। काओ-फ्यान (7), चिनको सेवामा वाङ-त्जु, (8) चीको सेवामा लागेको सुन-वू, वुको सेवामा, सबै प्रख्यात सैनिकहरू थिए। यी मानिसहरूले युद्धका सिद्धान्तहरू विकास गरे र यसलाई विश्वभर प्रसिद्ध बनाए। यो स्पष्ट छ कि सु-मा चिएनलाई ऐतिहासिक व्यक्तित्वको रूपमा सुन-वूको वास्तविकताको बारेमा कुनै शंका थिएन। एक अपवाद बाहेक उनी यस अवधिमा सबैभन्दा महत्त्वपूर्ण अख्तियार थिए। त्यसकारण, वु-युह चुन-चिउको कामको बारेमा धेरै भन्न आवश्यक छैन। यो पहिलो शताब्दीमा चाओ-ये द्वारा लेखिएको मानिन्छ। सुन-वू विरुद्धको आरोप केही हदसम्म शंकास्पद छ। यो सत्य भए पनि यसको महत्व नगण्य हुनेछ। यो शिह-चीमा आधारित छ र रोचक विवरणसँग विस्तृतमा प्रस्तुत गरिएको छ। सुन-जूको कथा अध्याय 2 मा फेला पर्नेछ। यहाँ केही नयाँ बुँदाहरू ध्यान दिन लायक छन्: (1) हो-लुलाई पहिलो पटक सुन-जूलाई वू जु-सुद्वारा सिफारिस गरिएको थियो। (2) ऊ वुको मूल निवासी हो भनिन्छ। (3) उनले पहिले सेवानिवृत्त जीवन बिताएका थिए, र उनका समकालीनहरूलाई उनको क्षमताको बारेमा थाहा थिएन। हाई-नान जुमा निम्न सन्दर्भहरू बनाइएका छन्: 'जब सार्वभौम र मन्त्रीहरूले मनको विकृति देखाउँछन्, सुन-जूलाई पनि शत्रुको सामना गर्न असम्भव हुन्छ।' यो काम साँचो हो भनी मान्दै (र यसमा अहिलेसम्म शंका गरिएको छैन), हामीले हुवाई-नान-जूको सबैभन्दा प्रारम्भिक प्रत्यक्ष सन्दर्भ सुन-जूको हो, जसको मृत्यु ईसापूर्व 122 मा भयो, शिह-ची आउनुभन्दा धेरै वर्ष अघि। लियु-सोयांग (80-9 ईसापूर्व) भन्छन्: 'सुन-जूको 30,000 सेनाको सेनाले चूको 200,000 सेनालाई पराजित गर्‍यो। यसको कारण उनको अनुशासनहीन हुनु थियो।' तेङ मिङ-शिहले रिपोर्ट गर्छ कि 'सन' उपनाम सुन-वूका हजुरबुवालाई चीका शासक चिङले दिएका थिए (547-490 ईसापूर्व)। सुन-वूका बुबा सुन-पिङ चीमा राज्य मन्त्री भए, र सन-वू, चाङ-

चिङ शैलीको, विद्रोहको कारण टिएन-पाओले जस्तै वूबाट भागे। तिनीहरूका तीन छोराहरू थिए, जसमध्ये दोस्रोको नाम मिङ थियो, जो सुन-पिनका पिता थिए र पिनको हजुरबुबा वू थिए। सुन-पिनको वेईमाथिको विजय ईसापूर्व 341 मा हासिल भएको अनुमानलाई कालानुक्रमिक रूपमा असम्भवको रूपमा खारेज गर्न सकिन्छ। मलाई थाहा थिएन कि यी डाटाहरू तेङ-मिङ-शिहले कहाँ प्राप्त गरेका थिए, तर मलाई यी जानकारीबाट बन्न सक्ने तथ्यहरूमा पक्कै पनि विश्वास छैन। यद्यपि, महान त्साओ-त्साओ वा वेई-वू-ती द्वारा सुन-जूको आफ्नो संस्करणमा लेखिएको छोटो प्रस्तावना, एक रोचक दस्तावेज, हान अवधिमा समाप्त हुन बाँकी छ। म यहाँ पूरा उल्लेख गर्नेछु-

मैले सुनेको छु कि पुर्खाहरूले धनुष र बाण आफ्नो फाइदाको लागि प्रयोग गर्थे। (10)

लुन-यू भन्छन्: 'कुनै पनि शासकसँग पर्याप्त सैन्य शक्ति हुनुपर्छ।' शू-चिङले सरकारका आठ तत्वमध्ये सेनाको उल्लेख गरेको छ। आई-चिङ भन्छन्: सेना'ले दृढता र न्यायलाई संकेत गर्दछ, यो पनि कि अनुभवी नेताको राम्रो भाग्य उदय हुन्छ। शिह-चिङ भन्छन्: जब राजा आफ्नो क्रोधमा अन्धो भए, उसले आफ्ना सैनिकहरूलाई कोर्ट मार्शल गर्‍यो। आफ्नो कार्य पूरा गर्न, प्रसिद्ध पहेँलो सम्राट ताङ र वु-वाङले आफ्नो पुस्तालाई बचाउन भाला र युद्धको अक्ष प्रयोग गरे। सु-मा फा भन्छन्: यदि कसैले निर्धारित उद्देश्यका लागि अर्काको हत्या गर्छ भने, उसलाई सही तरिकाले मारिन सक्छ। कुनै पनि शान्तिको लागि युद्धजस्तो उपायमा पूर्णरूपमा निर्भर रहनेको विनाश हुन्छ र शान्तिपूर्ण उपायमा मात्र निर्भर रहने व्यक्ति पनि जीवित रहँदैन। यसका उदाहरणहरू एकातिर फू-चाई (11) र अर्कोतिर येन-वाङ हुन्। (12) युद्धको अवस्थामा, ऋषिहरूको नियम सामान्यतया शान्ति कायम राख्न सान्दर्भिक हुन्छ र आवश्यक पर्दा मात्र आफ्नो सेनाहरू सान्नु उपयुक्त हुन्छ। आवश्यकताले उसलाई त्यसो गर्न प्रेरित नगरेसम्म उसले सशस्त्र बल प्रयोग गर्नेछैन।

मैले युद्ध र लडाइको विषयमा धेरै पुस्तकहरू पढेको छु; तर सुन-वूद्वारा लेखिएको पाठ ती सबै भन्दा राम्रो छ। (सुन-जू ची राज्यको मूल निवासी थियो, उनको व्यक्तिगत नाम वू थियो। उनले वुका राजा हो-लुका लागि 13 अध्यायहरूमा 'युद्धको कला' (द आर्ट अफ वार) नामक एउटा ग्रन्थ लेखे। यसको सिद्धान्तहरू महिलाहरूमा परीक्षण गरियो र पछि उनलाई जेनेरल बनाइयो। उसले सेनालाई पश्चिमतर्फ लग्यो, आफ्नो शक्ति र रणनीतिले चु राज्यलाई कुचल्यो र राजधानी

यिङ्मा प्रवेश गर्‍यो। सुन-जूका यी कार्यहरूले उत्तरमा ची र चिनलाई चकित पार्‍यो। सन-पिन सय वर्षभन्दा बढी बाँचे। उहाँ वुका वंशज हुनुहुन्थ्यो।) (13) सुन-जू आपसी छलफल र युद्धको योजनामा, क्षेत्रमा रणनीतिहरू छिटो कार्यान्वयन गर्न, (14) र गहिरो र स्पष्ट योजनाहरू बनाउनमा आलोचनाभन्दा सिद्धहस्त छन्। यद्यपि, मेरा समकालीनहरूले उहाँका निर्देशनहरू पूर्ण रूपमा बुझ्न असफल भएका छन्। सुन-जीका संक्षिप्त निर्देशनहरूलाई व्यवहारमा उतार्दा, तिनीहरूले यसको आवश्यक उद्देश्यहरूलाई बेवास्ता गरेका छन्। यो त्यो उदेश्य हो जसले मलाई धर्मशास्त्रलाई व्यापक रूपमा व्याख्या गर्न प्रेरित गरेको छ। ध्यान दिनुपर्ने एउटा कुरा र माथिको स्पष्ट कथन यो हो कि अध्याय 13 विशेष रूपमा राजा हो-लूको लागि बनाइएको थियो। यो 1. 15 मा आन्तरिक प्रमाण द्वारा पूर्ण रूपमा समर्थित छ। यसमा शासकलाई सम्बोधन गरिएको स्पष्ट देखिन्छ।

हान-शूको सूची खण्डमा एउटा प्रविष्टि छ जसले धेरै छलफललाई जन्म दिएको छ: ‘राजा वूका लागि सुन-जूका कामहरू 82 औं खण्डमा नवौंमा चुआनको साथ रेखाचित्रमा छ।’ यसबाट यो स्पष्ट हुन्छ कि यी सु-मा चिएनका लागि झात अध्याय केवल 13 मात्र हुन सक्दैनन्। चाङ-शाउ-चिहले पहिलो चुआनको सन्दर्भमा सुन-जूको ‘युद्धको कला’ को एक संस्करणलाई बुझाउँछ, जसमा अध्याय 13 मा पहिलो चुआनको गठन अन्य दुई चुआनहरूसँग भएको थियो। यसले एउटा सिद्धान्तको नेतृत्व गरेको छ कि यी 82 खण्डहरू मध्ये धेरै जसो सुन-जूका अन्य लेखनहरू छन्। हामी यी लेखहरूमा समान रूपमा शंकास्पद छौं, उदाहरणका रूपमा वेन-टालाई एउटा नमूना (15) र अर्को हो-शिनका बारेमा गरिएको टिप्पणी। यसमा सुझाव दिइएको छ कि हो-लुसँग उनको अन्तर्वार्ता अघि, सुन-जूले 13 अध्याय मात्र लेखेका थिए। तर, पछि उनले आफ्नो र राजाबिचको सम्बन्धलाई प्रश्न र उत्तरको रूपमा फरक ढङ्गले व्याख्या गरे। सुन-जू-सू-लूका लेखक पाइ-आइ-सुनले वू-यूह-चुन-चओउका शब्दहरूलाई एक उद्धरणको साथ समर्थन गर्छन्: वूका राजाले सुन-जूलाई बोलाए र उनलाई युद्धको कलाको बारेमा प्रश्न सोधे। हरेक पटक सुन-जूले प्रत्येक प्रश्नको सन्दर्भमा वूका राजालाई आफ्नो एउटा अध्याय प्रस्तुत गरे, राजाले उनको प्रशंसा गर्ने शब्दहरू गुमाए। उनले औँल्याए अनुसार, यदि सम्पूर्ण कार्यलाई माथिका अंशहरूमा जस्तै मापदण्डमा वर्णन गरिएको छ भने, अध्यायहरूको कुल संख्याको अनुमान कहिल्यै असफल हुन सक्दैन। यसपछि सुन-जूलाई अन्य धेरै ग्रन्थहरूको पनि जिम्मेवारी दिइएको थियो, जसलाई उनको कृतिमा समावेश गर्न सकिन्छ। तथ्य यो हो कि हान-चिहले 82 औं खण्ड बाहेक सुन-जूको कुनै पनि कामको उल्लेख गर्दैन। सुई र ताङले आफ्नो

ग्रन्थसूचीको 13 अध्यायहरूमा अरूका कामहरू उद्धृत गरेका छन्, यो एउटा राम्रो उदाहरण हो। पाइ-आइ-सुनले सोचे कि यी सबै 82 खण्डहरूमा समावेश छन्। वू-यूह-चुन-चिउ द्वारा दिइएको विवरणहरूको शुद्धतामा मानिसहरूको विश्वासंसमा पूर्वाग्रह बिना, वा पाइ-आइ-सुन द्वारा उद्धृत कुनै पनि पाठहरूको वास्तविकता स्वीकार नगरी, हामी यस सिद्धान्तमा रहस्य देख्न सक्छौं। त्यहाँ एक सम्भावित समाधान छ। सू-मा चिएन र पान-कू बिचको कुनै पनि भ्रम बिना सुन-जूको नाममा ठुलो अवसर प्राप्त गर्ने ठुलो अवसर थियो र 82 औंल्याए संस्करणले यी समस्याहरूलाई राम्ररी समाधान गर्न सक्छ। यद्यपि, कम सम्भावना भए पनि, यो पनि सम्भव छ कि यी पहिलेका केही इतिहासकारहरू त्यस समयमा अवस्थित थिए र जानाजानी बेवास्ता गरिएको थियो। (16)

तु-मूको अनुमान एउटा खण्डमा आधारित देखिन्छ जसमा भनिएको छ: वेई-वू-ती सुन-वूले युद्धको कलालाई एकसाथ जोडेको थियो, जसको परिणाममा स्वरूप त्साओ-किंगको प्रस्तावनाको अन्तिम शब्दहरूको गलतफहमीमा आधारित थियो। सुन-सिङ-येनले व्याख्या गरेझैं, यो भन्नको एक सरल तरिका हो कि उहाँले व्याख्यात्मक तर संक्षिप्त टिप्पणी गर्नुभयो, वा अर्को शब्दमा, यसमा टिप्पणी लेख्नुभयो। समग्रमा यो सिद्धान्तले कम स्वीकृति पाएको छ। यसरी, सू-कू-चुआन-शू भन्छन्: शिह-चीमा 13 अध्यायहरूको उल्लेखले देखाउँछ कि तिनीहरू हान-चिह भन्दा पहिले अस्तित्वमा थिए, र पुस्तकमा पछि थपिएका कृतिहरूलाई मौलिक अंशको रूपमा लिनु हुँदैन। तु-मूको यो भनाइलाई पक्कै प्रमाणको रूपमा लिन सकिँदैन।

तैपनि सू-मा-चिनको समयमा 13 अध्यायहरू व्यावहारिक रूपमा अस्तित्वमा थिए भनेर विश्वास गर्ने धेरै कारणहरू छन् जुन हामीसँग अहिले छ। त्यतिखेर त्यो काम कति प्रसिद्ध थियो भन्ने कुरा यति धेरै शब्दमा बताउन यो पर्याप्त छ। सुन-जूको 13 अध्याय र वू-चीको युद्धको कलाका दुईवटा पुस्तक छन् जुन मानिसहरूले सामान्यतया सैन्य मामिलाहरूको विषयमा सन्दर्भ गर्छन्। तिनीहरू दुवै व्यापक रूपमा प्रसारित छन्, त्यसैले म तिनीहरूलाई यहाँ छलफल गर्दिन। तर जब हामी अझ पछाडि जान्छौं, गम्भीर कठिनाइहरू देखा पर्छन्। यी सबैमा सामना गर्नुपर्ने मुख्य तथ्य यो हो कि त्सो-चुआन, सबैभन्दा ठुलो समकालीन रेकर्डले सुन-वूलाई सामान्य मानिस वा लेखकको रूपमा उल्लेख गर्दैन। यो अनौठो परिस्थितिलाई ध्यानमा राख्दै धेरै विद्वानहरूले शिह-चीमा दिइएको सुन-वूको कथामा मात्र शंका गर्नु हुँदैन, तर आफैँले आफूलाई मानिसको अस्तित्वको बारेमा स्पष्ट रूपमा शंका

गरेको देखाउनुपर्छ। यस पक्षको सबैभन्दा सशक्त प्रस्तुति ये-शुई-सीनको निम्न स्वभावमा फेला पार्न सकिन्छ: (17) सू-मा-चिएनको इतिहासमा यो भनिएको छ कि सुन-वू ची राज्यको मूल निवासी थिए। वूका राजाले उसलाई काममा राखेको थियो, र हो-लुको शासनकालमा उसले चूलाई कुच्यो, यिंगमा प्रवेश गर्यो र एक महान सेनापति थियो। तर त्सोको टिप्पणीमा कुनै पनि सुन-वू देखा पर्दैन। यो साँचो हो कि त्सोको टिप्पणीमा अन्य इतिहासकारहरूले भनेका सबै कुरा समावेश गर्न आवश्यक छैन। यद्यपि, त्यो ने यिंग-काओ-शु, (18) त्साओ-कुई, (19), चू-चिह-वू र चुआन-शे-चू, (20) जस्ता अश्लील मानिसहरू र भाडाका बदमाशहरू उल्लेख गर्न छोड्दैनन्। सुन-वूको मामला मा, जसको प्रसिद्धि र उपलब्धिहरू शानदार थिए, छोड्नु धेरै अधिक स्पष्ट छ। फेरि, उहाँको समकालीन वू-युआन र मन्त्री पेइका बारेमा विवरणहरू उचित क्रममा दिइएको छ। (21) के यो विश्वसनीय छ कि सुन-वू एक्लै छोडिनुपर्थ्यो?

साहित्यिक शैलीका हिसाबले, सुन-जूको काम कुआन-जू, (22) लियू ताओ, (23) र युह यू, (24)सँग तुलना गर्न सकिन्छ र यो युद्धरत राज्यहरूमा बस्ने एक निजी विद्वानको काम हुन सक्छ।। अवधिको शुरुवात। (25) उहाँका शिक्षाहरू वास्तवमा वू राज्यले लागू गरेको कथा उहाँका अनुयायीहरूको पक्षमा ठुलो वार्ताको परिणाम हो।

चाउ राजवंश (26) को अन्तिम समयदेखि यसको अन्त्यसम्म, सबै सैन्य कमाण्डरहरू राजनीतिज्ञ थिए, र बाह्य अभियानहरू सञ्चालन गर्न पेशेवर जनरलहरूको वर्ग त्यतिबेला थिएन। यो अवधिमा छवटा राज्यहरूले (27) आफ्नो अभ्यास परिवर्तन नगरेसम्म परिवर्तन गर्नुभएन। अब, यद्यपि यो एक असभ्य राज्य थियो, के यो कल्पना गर्न सकिन्छ कि त्सोले सुन-वू एक महान सेनापति थिए र पनि उसँग कुनै सार्वजनिक कार्यालय थिएन ? तसर्थ, जैग-चू र सुन-वूको बारेमा हामीलाई जे भनिएको छ, त्यो प्रामाणिक होइन, तर विद्वानहरूको लापरवाह सिद्धान्तको परिणाम हो। विशेष गरी महिलाहरूमा हो-लूको प्रयोगहरूको कथा पूर्णतया वेबुनियाद र अविश्वसनीय छ।

ये-शुई-ह्सियनले सू-मा-चिएनलाई प्रतिनिधित्व गर्दछ किनभने उनले भनेका थिए कि सुन-वूले चूलाई कुच्यो र यिङमा प्रवेश गर्यो। यो धेरै हदसम्म गलत छ। निस्सन्देह, पाठकको दिमागमा छाप छोडिएको छ कि उसले कम्तिमा यस्ता शोषणमा भाग लियो। यी तथ्यहरू महत्त्वपूर्ण हुन सक्छ वा नहुन सक्छ। तर, शिह-चीमा कतै पनि यिङ लिने अवसरमा सुन-जूको विजयको समयमा उहाँ

सेनापति हुनुहुन्थ्यो वा उहाँ त्यहाँ गएको पनि स्पष्ट रूपमा उल्लेख गरिएको छैन। यसबाहेक, हामी जान्दछौँ कि वू-युआन र पो-पेई दुवैले अभियानमा भाग लिएका थिए र यो पनि हो-लूको कान्छो भाइ फू-काईको सोच र उद्यमको कारणले यसको सफलता ठुलो मात्रामा भएको थियो, यो देख्न सजिलो छैन। त्यसै अभियानमा अर्का जनरलले कसरी महत्त्वपूर्ण भूमिका खेल्न सक्थे।

शुङ्ग वंशका अधिकारी चेन-सुनको नोट:-

सैन्य मामिलाका लेखकहरूले सुन-वूलाई यस कलाको जनक मान्छन्। तर, सत्य यो पनि हो कि यो चुआनमा देखा पर्दैन। उनले हो लूका राजा वूको अधीनमा राज्यको सेवा गरेको तथ्यले उनी वास्तवमा कुन अवधिमा थिए भनेर अनिश्चित बनाउँछ।

उनी पनि भन्छन्-

सुन-वू र वू-चीका कार्यहरू वास्तवमा प्राचीन हुन सक्छन्।

यहाँ ध्यान दिन लायक छ कि येह-शुई-ह्सियन र चेन-चेन-सुन दुवैले सु-मा चिएनको इतिहासमा सुन-वूको व्यक्तित्वलाई अस्वीकार गर्दै परम्परागत रूपमा त्यो काम हस्तान्तरण गर्ने मितिलाई स्वीकार गर्छन् जसमा उनीहरूको नाम उल्लेख छ। ह्सू-लूका लेखकहरू यो भिन्नतालाई स्वीकार गर्न असफल हुन्छन्। नतिजाको रूपमा, चेन-चेन-सुनमा उनको तीतो टिप्पणीहरूले उनीहरूको छाप बनाउन असफल भयो। यद्यपि, उहाँ दुईवटा बिन्दुहरूको बारेमा कुरा गर्नुहुन्छ जुन निश्चित रूपमा हाम्रो 13 अध्यायहरूको पुरातनतालाई समर्थन गर्दछ। तिनीहरू भन्छन् कि सुन-जू चिङ्ग-वाङ [५१९-४७६] को युगमा बसेको हुनुपर्छ, किनभने चाउ, चिन र हान राजवंशहरू पछि उत्पादन गरिएका सबै रचनात्मक कार्यहरू प्राय: चोरी भएको थियो। साहित्यिक चोरीमा दुई सबैभन्दा लाजमर्दो नाम वू-ची र हुआई-नाम-जू हुन्। दुवै आफ्नो समयका महत्वपूर्ण ऐतिहासिक व्यक्तित्व हुन्। यी मध्ये, वू-ची सुन-जूको मृत्युको अनुमानित मिति पछि मात्र एक शताब्दी बाँचे र 381 ईसा पूर्वमा मृत्यु भयो। लियू-सियाङ्का अनुसार, त्सेङ-शेनले त्सो चुआनलाई त्सेङ-शेनले सङ्कलन गरेका कामहरू वितरण गरे, जुन यसका लेखकद्वारा उनलाई सुम्पिएको थियो। तथ्य यो हो कि युद्धको कलाबाट उद्धरणहरू विभिन्न युगका लेखकहरूको काममा पाइन्छ। सुन-जूको पुरातनताको थप प्रमाण पनि उनले प्रयोग गरेका धेरै शब्दहरूसँग जोडिएका धेरै अप्रचलित अर्थहरूद्वारा प्रस्तुत गरिएको छ। सुन-जूले समकालीन मामिलाहरूलाई दुई अनुच्छेदहरूमा उल्लेख गरेका छन्, जसले आफ्नो अवधिको वर्णन गर्दछ। यस बिन्दुमा, मितिहरूको

तालिका उपयोगी हुन सक्छ।

ईसापूर्व

514 हो-लूको राज्याभिषेक।

हो-लूले चूलाई आक्रमण गर्छ, तर यिङ्मा प्रवेश गर्न अस्वीकार गर्छ।

512 शिह-चीले सुन-वूलाई कमाण्डरको रूपमा उल्लेख गरे।

511 चूको दोस्रो आक्रमण।

510 वू द्वारा यूहमा एक सफल आक्रमण। यो दुई राज्यबिचको पहिलो युद्ध थियो।

509 वा 508 चूले वूमाथि आक्रमण गर्छ, तर यु-चांगमा नाममात्रै पराजित हुन्छ। हो लूले ताङ र साईको सहयोगमा चूमाथि आक्रमण गरे।

506 पो-चूको निर्णायक युद्ध र यिंग को कब्जा। शिह-चीमा सुन-वूको अन्तिम उल्लेख।

505 यूहले आफ्नो सेनाको अनुपस्थितिमा वूमाथि आक्रमण गर्छ। चिनले वूलाई हराएर यिङ्लाई बाहिरीपाटो पार्दछ।

504 हो-लूले फू-चाईलाई चूमाथि आक्रमण गर्न पठाए।

497 कोउ-चिएन यूह को राजा बने।

496 वूले यूहलाई आक्रमण गर्छ, तर सुई-लीमा कोउ-चिएनद्वारा पराजित हुन्छ। हो-लू मारिन्छ।

494 फू-चाओको महान् युद्धमा फू-चाईले कू-चीएनलाई पराजित गरे र यूहको राजधानीमा प्रवेश गरे।

485 वा 484 कोउ-चिएनले वूलाई श्रद्धांजलि अर्पण गर्दछ। वू-त्जु-ह्सूको मृत्यु।

482 कू-चिएनले फू-चाइको अनुपस्थितिमा वूमाथि आक्रमण गर्छ।

478 देखि 476 सम्म यूह द्वारा वूमा आक्रमण।

475 कोउ-चिएनले वूको राजधानीलाई घेराबन्दी गरे।

473   वूको अन्तिम हार र उनको बेपत्ता।

त्यसकारण हामी यो निष्कर्षमा पुग्न सक्छौं कि हाम्रो ग्रन्थ 505 ईसा पूर्वमा अस्तित्वमा थिएन, जुन मिति अघि यसले वू विरुद्ध कुनै उल्लेखनीय सफलता हासिल गरेको थिएन। हो-लूको मृत्यु ईसापूर्व 496 मा भएको थियो। यदि यो पुस्तक उनको लागि लेखिएको हो भने, यो ईसापूर्व 505-496 को अवधिमा भएको थियो, जब दुई बिचको वातावरण शान्त थियो। वू सायद चूको विरुद्ध आफ्नो सर्वोच्च प्रयासबाट थकित थिए। अर्कोतर्फ, यदि हामीले सुन-वूको नामलाई हो-लूसँग जोड्ने विचार गर्छौं भने, यो समान रूपमा 496 र 494 ईसापूर्व, वा सम्भवतः 482-473 ईसापूर्व बिचको हुनेछ, जब यूह फेरि गम्भीर प्रभावमा आयो। धम्कीको रुपमा देखा परेको थियो। हामी धेरै हदसम्म महसुस गर्न सक्छौं कि लेखक, उनी जुनसुकै भए पनि आफ्नो समयमा एक महान व्यक्ति थिए।

योजना बनाउनुहोस्

(यस अध्यायको शीर्षकको रूपमा, त्साओ-कुङ भन्छन् कि यसले जनताको विचार-विमर्शलाई जनाउँछ वा हागीले भन्नु पर्ने, सेनापतिहरू द्वारा अस्थायी प्रयोगको लागि बनाइएको शिविरहरूमा। हेर्नुहोस्।) (26)

1. सुन-जू भन्छन्, युद्धको कला कुनै पनि राष्ट्रको लागि अत्यन्त महत्त्वपूर्ण छ।

2. यो जीवन र मृत्युको कुरा हो, मार्ग या त सुरक्षाको हो वा विनाशको। तसर्थ, यसलाई राम्ररी अध्ययन गर्नुपर्छ र कुनै पनि परिस्थितिमा बेवास्ता गर्नु हुँदैन।

3. युद्धभूमिको अवस्था अनुसार, योजना बनाउँदा, युद्धको कलाको पाँच शाश्वत घटकहरू विचार गर्न निश्चित हुनुहोस्।

4. ती हुन्: 1. नैतिक कानून 2. स्वर्ग 3. पृथ्वी 4. सेनापति 5. विधि र अनुशासन।

    (सुन-जूको सरोकार लाओ-जूको मार्गमा निहित नैतिक पक्षको सट्टा 'नैतिक कानून'सँग सम्बन्धित देखिन्छ, जुन अन्ततः सद्भावको सिद्धान्त हो। यसलाई 'मनोबल'का रूपमा प्रस्तुत गर्न कसैलाई प्रलोभन हुन सक्छ। यसलाई धारा 13 मा शासकको विशेषता मान्न सकिँदैन।)

5' 6. नैतिक नियमहरूका कारण, मानिसहरू कुनै पनि कुरामा आफ्नो शासकसँग पूर्ण रूपमा सहमत हुन्छन्। अर्थात् प्रजाले आफ्नो शासकको इच्छाअनुसार

काम गर्छ। मानिसहरूले राजालाई विश्वास नगरी पछ्याउँछन्, त्यसैले तिनीहरू डराउँदैनन् वा जोखिमबाट निरुत्साहित हुँदैनन्।

(तु-यूले वाङ-त्जुलाई उद्धृत गर्दै भने, निरन्तर अभ्यास बिना, युद्धको तयारी गर्दा अफिसरहरू नर्भस हुनेछन्, र निर्णय गर्ने क्षमताको उल्लेखनीय कमी देखाउनेछन्। निरन्तर अभ्यास बिना, संकट उत्पन्न हुँदा सेनापतिको आत्मविश्वास डगमगाउनेछ।)

7. आकाश भनेको रात र दिन, चिसो र गर्मी, समय र मौसम हो।

(मेरो विचारमा टिप्पणीकारहरूले अनावश्यक रूपमा दुईवटा शब्दलाई रहस्यमय बनाउँछन्। मेङ-शिहले यहाँ स्पष्ट र बादल भएको आकाशको विस्तार र संकुचनलाई जनाउँछ। यद्यपि वाङ-ह्सीले यो भन्नु सहि हुन सक्छ कि यसको अर्थ राज्यको सामान्य अर्थतन्त्र हो, जसमा पाँच तत्वहरू, चार प्रकारको मौसम, हावा र बादल र अन्य घटनाहरू समावेश छन्।)

8. पृथ्वी भनेको लामो र छोटो दूरी, खतरा र सुरक्षा, खुला मैदान र साँघुरो बाटो, जीवन र मृत्युको सम्भावना हो।

9. सेनापति इमानदार, बुद्धिमान, परोपकारी र साहसी हुनुपर्छ। उसको नियत राम्रो हुनुपर्छ र समय आएमा कडापन पनि देखाउनुपर्छ।

(चिनियाँका पाँच प्रमुख गुणहरू हुन् (1) मानवता वा परोपकार; (2) मनको इमानदारी; (3) आत्म-सम्मान, आत्म-नियन्त्रण, औचित्यको भावना; (4) ज्ञान; (5) इमानदारी वा असल विश्वास। यहाँ 'मानवता वा परोपकार'लाई 'बुद्धि र इमानदारी' भन्दा अगाडि राखिएको छ, 'साहस र कठोरता', सैन्य गुणका दुई घटकहरूलाई मनको इमानदारी र आत्मसम्मान, आत्म-नियन्त्रणले प्रतिस्थापित गरिएको छ।)

10. विधि र अनुशासन भनेको सेनालाई सही इकाइहरूमा विभाजन गर्नु हो। युद्धको कलाले अधिकारीहरूको सही वर्गहरू सिर्जना गर्न भन्छ। सैन्य सामग्रीहरू आपूर्ति गर्ने सडकहरू मर्मत गर्नुहोस् र सैन्य खर्च नियन्त्रण गर्नुहोस्।

प्रत्येक सेनापति यी पाँच घटकहरूसँग परिचित हुनुपर्छ। जसलाई तिनीहरूको बारेमा राम्ररी थाहा छ उसले जित्छ। जसलाई यी कुराहरू थाहा छैन, त्यो युद्धमा पक्कै पराजित हुनेछ।

12. त्यसकारण, यी पाँच कारकहरूको आधारमा सैन्य परिस्थिति अनुसार रणनीति तय गर्दा तपाईँले गरेको छलफललाई तुलना गर्नुहोस्। यो काम यसरी गर्न सकिन्छ-

13. (1) दुई राजाहरूमध्ये कुनचाहिँमा बढी नैतिक नियमहरू छन्?

(अर्थात् जनतासँग कसको बढी मेलमिलाप छ?)

(2) दुई जना सेनापति मध्ये कोसँग क्षमता बढी छ ?

(3) कोसँग स्वर्ग र पृथ्वीबाट प्राप्त हुने बढी फाइदा छ?

(4) अनुशासन लागू गर्न कुन दिशामा बढी कठोरता प्रयोग गरिन्छ?

(तु-मूले यहाँ अनुशासनको बारेमा त्साओ-त्साओ (155-200 ईस्वी) को कथालाई जनाउँछ। त्साओ-त्साओ यति कडा अनुशासनवादी थिए कि जब उनको घोडा मकैको खेतमा प्रवेश गर्यो, उसले खडा बालीलाई क्षति पुर्याउने जिम्मेवारी लियो र आफैलाई मृत्युदण्ड दियो। तर, जनताको आग्रहमा उनले घाँटी काट्नुको सट्टा कपाल काटेर आफैलाई सजाय दिए। यस सम्बन्धमा त्साओ-त्साओको धारणा थियो कि नियम बनाउँदा त्यसको उल्लङ्घन भएको छैन भनी सुनिश्चित गर्नुहोस्। यसलाई सबैले पालना गर्नुपर्छ। यदि यो उल्लङ्घन भएमा, अपराधीलाई मृत्युदण्ड दिनुपर्छ।)

(5) कुन सेना बढी शक्तिशाली ?

(नैतिक रूपमा, दृष्टिको मामिलामा र भौतिक दृष्टिकोणबाट पनि। मेई याओ-चेनले भनेझैं, यी स्वतन्त्र रूपमा व्यवहारमा राखिन्छन्।)

(6) कुन समूहमा अफिसर र सिपाहीहरू बढी प्रशिक्षित छन्।

(तु-यूले यहाँ वाङ-त्सूलाई उद्धृत गर्दछ, निरन्तर अभ्यास बिना अफिसरहरू लडाइँमा जुट्दा नर्भस र अनिर्णयकारी हुनेछन्। निरन्तर अभ्यास बिना, सेनापति संकटको अवस्थामा चिन्तित हुनेछ र भविष्य अनिश्चित हुनेछ।)

(7) कुन सेनाहरू पुरस्कार र दण्ड दुवैमा बराबर छन्?

(अर्थात्, कुन पक्षका सिपाहीहरू योग्यताअनुसार पुरस्कृत र गल्तीलाई दण्डित हुने कुरामा बढी विश्वस्त छन्?)

14. यी सात बुँदाहरूको आधारमा म जित वा हारको भविष्यवाणी गर्न सक्छु।

15. मेरो सल्लाह सुने र पालन गर्ने सेनापति विजयी हुनेछ। सेनाको कमाण्ड त्यस्तो व्यक्तिलाई मात्रै दिनुपर्छ। जो सेनापति मेरो सल्लाह न सुन्छ, न त्यसमा काम गर्छ, ऊ पराजित हुनेछ। यस्तो सेनापतिको हातबाट सेनाको कमाण्ड खोस्नु पर्छ।

(यो खण्डले हामीलाई सम्झाउँछ कि सुन-जूको ग्रन्थ स्पष्ट रूपमा वू राज्यको संरक्षक राजा हो-लूको फाइदाको लागि लेखिएको थियो।)

16. मेरो सल्लाहको फाइदा लिनु बाहेक, यदि सामान्य नियमहरू भन्दा बाहिर कुनै सहयोगी अवस्था उत्पन्न भयो भने, त्यसको फाइदा लिने अवसर नगुमाउनुहोस्।

17. व्यक्तिले समय अनुसार आफ्नो योजना समायोजन गर्नुपर्छ। यदि परिस्थिति तपाईंको पक्षमा छ भने, तपाईंले तिनीहरूको फाइदा लिनुपर्छ।

(व्यावहारिक सिपाहीका रूपमा सुन-जूसँग किताबी सिद्धान्त थिएन। उहाँले यहाँ हामीलाई अमूर्त सिद्धान्तहरूमा विश्वास नगुमाउन चेतावनी दिनुहुन्छ। रणनीतिका मुख्य नियमहरू सबैको हितका लागि स्पष्ट रूपमा बताउन सकिन्छ, चाङ-यू भन्छन्। युद्धको तयारी गर्दा शत्रुको गतिविधिमा पनि नजर राख्नुपर्छ। यो सबैको लागि लाभदायक छ। चाङ-यूले वास्तविक युद्धमा कसरी अनुकूल स्थिति सुरक्षित गर्ने भनेर निर्देशन दिन्छन्। वाटरलूको युद्धको पूर्वसन्ध्यामा, घोडचढीको प्रभारी लर्ड अक्सब्रिज अर्को दिनको योजनाको बारेमा सोधपुछ गर्न ड्यूक अफ वेलिंग्टनमा गए। भोलि एक्कासी सेनापति बन्नुपर्‍यो भने संकटको घडीमा नयाँ योजना बनाउन नसक्ने भएकाले आगामी दिनको योजना जान्न चाहेको उनले बताए। ड्यूकले शान्तपूर्वक उनीहरूको कुरा सुने र सोधे, भोलि पहिले कसले आक्रमण गर्छ, म वा बोनापार्टले? लर्ड अक्सब्रिजले जवाफ दिए, बोनापार्टले। यसका लागि ड्यूकले भने, 'हेर, बोनापार्टले भोलि के गर्न लागेका छन् भनी मलाई आफ्नो योजना भनेका छैनन्, र मेरा योजनाहरू उहाँका योजनाहरूमा भर पर्ने भएकाले मैले आफ्नो कुरा बताइदिऊँ भन्ने आशा कसरी गर्न सक्नुहुन्छ?)

18. सबै छल युद्ध मा आधारित छ।

(प्रत्येक सिपाहीले यो गहिरो र गम्भीर भनाइको सत्यतालाई स्वीकार गर्नेछ। कर्नल हेन्डरसनले हामीलाई बताउँछन् कि वेलिंग्टनसँग असाधारण सैन्य कौशल थियो। तिनीहरूको रणनीतिका कारण तिनीहरूले आफ्नो गतिविधि लुकाउन सफल भए। उनको व्यवस्थापन यति उत्कृष्ट थियो कि उनी मित्र र शत्रु दुबैबाट समातिनबाट जोगिए।)

19. त्यसैले आक्रमण गर्दा हामीले आक्रमण गर्न नसक्ने बहाना गर्नुपर्छ। आफ्नो शक्ति प्रयोग गर्दा हामी निष्क्रिय देखिनुपर्छ। जब शत्रु नजिक हुन्छ, हामीले उसलाई विश्वास दिलाउनुपर्छ कि हामी टाढा छौं। जब हामी टाढा छौं, यसले हामीलाई आश्वस्त पार्नु पर्छ कि हामी धेरै नजिक छौं।

20. शत्रुलाई लोभ्याउन चारा राख्नुहोस्। तपाईंको शिविरमा अराजकता सिर्जना गर्नुहोस् र समय आउँदा विपक्षीलाई कुचल्नुहोस्।

(चांग-यू बाहेक सबै टिप्पणीकारहरू भन्छन्, जब शत्रु अव्यवस्थित हुन्छ, उसलाई कुचल्नुहोस्। सुन-जू अझै युद्धमा छलको प्रयोगको वर्णन गर्दै हुनुहुन्छ।)

21. यदि दुश्मन सबै बिन्दुहरूमा सुरक्षित छ भने, त्यस अनुसार आफ्नो तयारी गर्नुहोस्। यदि उसको सेनाको संख्या धेरै छ भने, आफु जोगिनुहोस्।

22. यदि तपाईंको प्रतिद्वन्द्वी क्रोधित स्वभावको छ भने, उसलाई चिढ्याउने प्रयास गर्नुहोस्। उसको अगाडि कमजोर भएको नाटक गर्नुहोस्, जसले गर्दा ऊ अहंकारी हुन्छ।

(वाङ-त्जुले यहाँ तु-यूद्वारा उद्धृत गरेको कथनको चर्चा गर्दछ। तिनीहरू भन्छन् कि राम्रो रणनीतिले तपाईंलाई तपाईंको विपक्षीसँग खेल खेल्ने मौका दिन्छ। हामी उहाँसँग बिरालो र मुसाको खेल खेल्न सक्छौं। पहिले कमजोर भएको नाटक गर्नु र त्यसपछि आराम गर्नु र त्यसपछि अचानक उसलाई हान्नु रणनीतिको हिस्सा हो।)

23. यदि ऊ आराम गरिरहेको छ भने, उसलाई आराम गर्न नदिनुहोस्।

(सायद यही मेई याओ-चेनले आफ्नो नोटमा बताउन चाहन्छन्, शत्रु आफैं थाकेको नभएसम्म पर्खनुहोस्। यू-लैनले उसलाई उसलाई फुस्लाएर यता उता डुलाएर थकित तुल्यायो।)

यदि उसका सैनिकहरू बिच एकताको भावना छ भने, तिनीहरूलाई अलग गर्ने प्रयास गर्नुहोस्।

(अधिकांश टिप्पणीकारहरू कम व्यावहारिक व्याख्याको पक्षमा छन्। तिनीहरू भन्छन्, यदि राजा र प्रजाबिच सद्भाव राम्रो छ भने, तिनीहरूको बिचमा विभाजन सिर्जना गर्नुहोस्।)

24. आफ्नो प्रतिद्वन्द्वी तयार नभएको बेला आक्रमण गर्नुहोस्। तपाईं त्यहाँ जानुहोस् जहाँ उसले तपाईं जाने आशा गर्दैन।

25. तपाईंलाई विजय दिन सक्ने सिपाहीहरूको विधि वा योजनाहरू गोप्य राख्खुहोस्। ती सैनिकहरूको पहिचान कहिल्यै खुलाउन नदिनुहोस्।

26. युद्ध जित्नका लागि, सेनापतिले युद्ध लड्नु अघि आफ्नो शिविरमा धेरै गणना र धेरै रणनीति बनाउँछन्। धेरै योजना बनाउँछन्।

(चांग-यू भन्छन्, यसको विपरित, युद्ध लड्नु अघि कम गणना गर्ने र कम योजना बनाउने सेनापतिले युद्ध हार्छन्। धेरै योजनाले विजयमा पुर्‍याउँछ र थोरै योजनाले हार निम्त्याउँछ। जहाँ कुनै योजना छैन, त्यहाँ हार निश्चित छ। यही कुराबाट मात्रै म बुझ्छु कसको जित वा हारको सम्भावना छ।)

युद्ध लड्नुहोस्

1. सुन-जू भन्छन्, युद्धको आचरणमा खर्चलाई सधैँ ध्यानमा राख्नुपर्छ। उनी भन्छन्, मानौँ मैदानमा एक हजार हलुका रथ छन्, त्यति नै भारी रथ तैनाथ छन्। उनीहरूसँग एक लाख सिपाहीहरू तैनाथ छन् जससँग 1000 लीको दूरी पार गर्न पर्याप्त भण्डार छ। यी रथ र हतियार, कवच आदिमा ठुलो रकम खर्च हुन्छ। युद्ध सञ्चालनमा मोर्चाको खर्च मात्र नभई स्वदेशी खर्च पनि समावेश गर्नुपर्छ। यो सबै खर्च कुल मिलाएर हरेक दिन एक हजार औँस चाँदी पुग्छ। यो एक दिनको लागि एक लाख सैनिकको सेनाको लागत हो।

2. लडाई सुरु भएपछि, सकेसम्म चाँडो जिनुहोस्। नत्र सिपाहीहरू लाचार हुनेछन्। तिनीहरूका हतियारहरू कुण्ठित हुनेछन् र तिनीहरूको उत्साह क्षीण हुनेछ। यदि तपाईंले धेरै टाढा सहरलाई घेरा हाल्नु भयो भने, तपाईंले आफ्नो शक्ति गुमाउनुहुनेछ।

3. युद्ध चर्कियो र लामो भयो भने भने राज्यले आफ्नो खर्च वहन गर्न सक्नेछैन। खजाना खाली हुनेछ।

4. जब सिपाहीहरूको हतियार कुण्ठित हुन्छ, उनीहरूको उत्साह शान्त हुन्छ, तिम्रो शक्ति समाप्त हुन्छ, तिम्रो खजाना खाली हुन्छ, तब अन्य देशका राजाहरू पनि यो अवस्थाको फाइदा उठाउन पछि पर्दैनन्। यस्तो अवस्थामा एक बुद्धिमान व्यक्तिले पनि देशलाई आउने खतराबाट जोगाउन सक्दैन।

5. युद्धमा, कहिलेकाहीँ मूर्खतापूर्ण हतार सम्भव छ, तर एक बुद्धिमानी कदम चाल्नका लागि धेरै ढिलाइ गर्नु हुँदैन।

(यो छोटो र कठिन वाक्यलाई कुनै पनि टिप्पणीकारले व्याख्या गरेको छैनन्। हो-शिह भन्छन्, हतार गर्नु मूर्खता हुन सक्छ, तर यसले ऊर्जा र खजानाको खर्च बचत गर्छ। लामो कार्यहरू स्मार्ट हुन सक्छ, तर तिनीहरूले विपत्ति ल्याउँछन्। वाङ-ह्सीको टिप्पणीले यो कठिनाइलाई जोगाउँछ। उनी भन्छन्, लामो समयसम्म युद्ध चलाउनु भनेको सेनाको धेरै समय एकै ठाउँमा बसेर पैसा खर्च गर्नु हो। यसले मानिसहरूलाई खास केही नोक्सानी पुर्‍याउँदैन तर राजकोष खाली पार्दछ र संकट निम्त्याउँछ। चाङ-यू भन्छन्, जबसम्म विजय हासिल गर्न सकिन्छ तबसम्म मूर्खतापूर्ण हतारलाई चलाखीले राम्रो बनाउन सकिन्छ। अब सुन-जू केही बोल्दैनन् कि सोचविना हतारको युद्ध लामो समयसम्म चलेको लडाइभन्दा राम्रो हो।)

6. लामो समयसम्म चलेको युद्धबाट कुनै पनि हिसाबले लाभान्वित भएको देश संसारमा छैन।

7. युद्धका नराम्रा पक्षहरू राम्ररी बुझेको राष्ट्रले मात्र युद्धको हितकारी तरिकालाई राम्ररी बुझन सक्छ।

(लामो युद्धको विनाशकारी प्रभावहरू थाहा पाउनेले मात्र यसलाई चाँडै अन्त्य गर्न चाहन्छ। केवल दुई टिप्पणीकारहरूले यो व्याख्याको पक्षमा देखिन्छन्। तर यो सन्दर्भको तर्कमा राम्रोसँग फिट हुन्छ। 'जसलाई युद्धको खराबी थाहा छैन उसले यसको फाइदाहरूको कदर गर्न सक्दैन' स्पष्ट रूपमा अर्थहीन छ।)

8. सक्षम सिपाहीले सबै कुरा एकै पटक पूरा गर्छ, दोस्रो पटक पर्खंदैन। उसले युद्धको खर्च एक पटक मात्रै बेहोर्छ। उनको आपूर्तिको गाडी दुई पटक भन्दा बढी भरिएको छैन। यसको मतलब उसले युद्ध जित्न धेरै समय लाग्दैन।

(एक पटक युद्ध घोषणा भइसकेपछि उसले तयारीको पर्खाइमा आफ्नो बहुमूल्य समय खेर फाल्ने छैन न त नयाँ आपूर्तिको पर्खाइमा छ। कुनै ढिलाइ बिना उसले शत्रुको सीमा रेखाहरू पार गर्दछ। यो एक साहसी रणनीति जस्तो लाग्न सक्छ, तर जूलियस सीजर देखि नेपोलियन बोनापार्टसम्म सबै महान रणनीतिकारहरूका लागि, समय

अत्यन्त महत्त्वपूर्ण थियो। आफ्ना प्रतिद्वन्द्वीहरूभन्दा अलि फरक भएकाले उनीहरूले आफ्नो युद्ध रणनीतिलाई समयभन्दा अगाडि नै राम्रोसँग गणना गर्न सकेका थिए।)

9.   घरबाट युद्ध उपकरणहरू साथैमा लिएर जानुहोस्, तर शत्रुको खाना खानुहोस्। यसरी सेनालाई खानाको अभाव हुने छैन। यो युद्धको सिद्धान्त हो।

   (युद्ध सामग्रीको रूपमा यहाँ अनुवाद गरिएको चिनियाँ शब्दको शाब्दिक अर्थ हो प्रयोग गरिने चीजहरू। यसमा प्रावधान बाहेक सेनाका सबै उपकरणहरू समावेश छन्।)

10.   जब राज्यको खजाना खाली हुँदा युद्धमा गएका सेनालाई बाह्य योगदान चाहिने हुन्छ। बाह्य चन्दा लिने परिणाम भनेको जनता झनै गरिब हुँदै गएको हो।

   (यस वाक्यको सुरुवात अर्कोसँग राम्रोसँग सन्तुलन नभएको हो। यद्यपि स्पष्ट रूपमा त्यसो गर्ने उद्देश्य थियो। यसबाहेक, प्रणाली यति विचित्र छ कि कसैले भ्रष्टाचारको शंका गर्न पनि आँट गर्न सक्दैन। यसका बाबजुद किसानहरूले सेनालाई सहयोग गर्न सिधै अनाजको रूपमा आफ्नो योगदान अग्रभागमा पठाए।)

11.   अर्कोतर्फ, सेना आफ्नै देशको नजिक छ भने मुद्रास्फीति बढ्छ, वस्तुको मूल्य बढ्छ र जनताको पुँजीको मूल्य घट्छ।

   (वाङ-ह्सी भन्छन् कि सेनाहरूले आफ्नो क्षेत्र छोड्नु अघि मूल्यहरू आकाश-उच्च छन्। त्साओ-कुङले यसलाई पहिले नै सीमा पार गरेको सेना मान्छन्।)

12.   जब किसानको पूँजीको मूल्य घट्छ, तिनीहरू भारी मागको बोझ बन्छन् र चिन्तित हुन्छन्।

13,14. पुँजी कम हुँदा जनताको घर खाली हुनेछन्। उनीहरूको शक्ति पनि घट्न थाल्छ। उनीहरूको आम्दानीको तीस प्रतिशत गुम्छ।

   (तु-मू र वाङ-ह्सी सहमत छन् कि यसलाई मानिसहरूको आम्दानीको 30% मात्र होइन, 70% मान्न सकिन्छ। तर मानिसहरूले यो कुरा बुझ्न सक्दैनन्।)

जबकि भाँचिएको रथ, थाके-हारेका घोडा, शरीर र निधारको कवच, धनुष, बाण, भाला र ढाल, ठूला सवारी साधनको खर्च सरकारको कुल आम्दानीको ४० प्रतिशत हुनेछ।

15. त्यसैले बुद्धिमान सेनापतिले शत्रुको राशन खाने लक्ष्य राख्छ। शत्रुको खानाको एउटा गाडीको मूल्य आफ्नै बीस गाडी जत्तिकै हुन्छ। त्यसैगरी, शत्रुको एउटा अचारको भाँडो (65.5 किलो) आफ्नो भण्डारको बीसवोटा अचारका भाँडा बराबर हुन्छ।)

(किनकि एउटा गाडी सार्ने क्रममा बीस गाडीको मूल्य बराबरको रकम खपत हुनेछ। एउटा अचारको वजन 133.3 पाउन्ड (65.5 kg) बराबर मापन को एक एकाइ हो।)

16. शत्रुलाई नष्ट गर्न हामीले मानिसहरूलाई उत्तेजित गर्नुपर्छ; तिनीहरूमा क्रोध पैदा गर्नुपर्छ, यो शत्रुलाई परास्त गर्न लाभदायक हुन सक्छ। यसका लागि उनले पुरस्कार पाउनुपर्छ।

(तु-मू भन्छन्, सिपाहीहरूले शत्रुलाई कुट्दै गरेको देख्नु रमाइलो हुन्छ, यसका लागि पुरस्कारको खाँचो हुन्छ। जब तपाईंले शत्रुको सबै चीजहरू लुट्नु हुन्छ, तब यसलाई मानिसहरूमा इनामका रूपमा बाँड्नुहोस्। त्यसोभए, तपाईंका सबै मानिसहरूले शत्रुहरूसँग लड्ने तीव्र इच्छा व्यक्त गर्छन्।)

17. त्यसैले, रथ युद्धमा, जहाँ दस वा बढी रथहरू कब्जा गरिएको छ, रथलाई पहिले कब्जा गर्नेलाई पुरस्कार दिनुपर्छ। शत्रुको झण्डालाई आफ्नै झण्डाले बदल्नुपर्छ र आफ्नै सेनाको रथसँगै आफ्नो रथ प्रयोग गर्नुपर्छ। पक्राउ परेका सैनिकहरूसँग दयालु व्यवहार गर्नुपर्छ।

18. यसलाई शत्रुको सहयोगमा आफ्नो शक्ति बढाउने रणनीति पनि भनिन्छ।

19. युद्धमा, लामो घेराबन्दीको सट्टा द्रुत विजयको लक्ष्य राख्नुहोस्।

(युद्ध कुनै सानो कुरा होइन, हो-शिह भन्छन्।)

20. यो स्पष्ट छ कि सेनापतिले जनताको भविष्यको निर्णय गर्दछ, किनभने यो उहाँमा निर्भर गर्दछ कि देश शान्तिपूर्ण वा खतरामा रहन्छ।

III

कूटनीतिको साथ आक्रमण

1. सुन-जूले भने: युद्धको कलाको व्यावहारिक पक्षबाट, सबैभन्दा राम्रो कुरा शत्रुको देशलाई पूर्ण रूपमा कब्जा गर्नु हो। यसलाई भत्काउनु वा सखाप पार्नु राम्रो होइन। त्यसैगरी, सेनालाई नष्ट गर्नु भन्दा बटालियन वा सम्पूर्ण शत्रु सेना वा सम्पूर्ण रेजिमेन्ट कब्जा गर्नु राम्रो हो।

    (सू-मा फाका अनुसार सेनाको कोरमा 12,500 जना मात्रै पुरुष सामेल छन्; त्साओ कुङका अनुसार एउटा रेजिमेन्टमा 500 जना पुरुष थिए, एक फौज 100 देखि 500 बीचको कुनै पनि संख्यामा हुन्छ र एउटा कम्पनी 5 देखि 100 जनासम्मको हुन्छ। यद्यपि, अन्तिम दुईको लागि, चाङ-यूको तथ्याङ्क क्रमशः 100 र 5 मा सही छ।)

2. त्यसकारण, सबै युद्धहरू लड्नु र जिन्नु सर्वोच्च उत्कृष्टता होइन; बिना लडाई शत्रुलाई परास्त गर्नु नै सर्वोच्च श्रेष्ठता हो।

    (यहाँ फेरि एक पुरानो चिनियाँ जनरलको भनाइ स्वीकार गरिनेछ आधुनिक रणनीतिकारको होइन। सुडानमा विशाल फ्रान्सेली सेनाको रक्तपात बिना आत्मसमर्पण व्यावहारिक रूपमा मोल्टकेको सबैभन्दा ठुलो विजय थियो।)

3. यसरी, सेनापतिको सर्वोच्च सीप शत्रुको योजनालाई नष्ट गर्नु हो।

    (सायद 'विनाश' शब्द चिनियाँ शब्दको पूर्ण शक्ति बताउन कम हुन्छ। यसको मतलब रक्षाको मनोवृत्ति होइन, जहाँ एक पछि अर्को शत्रुको

चाललाई विफल पार्न सकिन्छ। यो प्रतिआक्रमणको सक्रिय नीति हो। हो-शिह यस बारे धेरै स्पष्ट रूपमा बोल्छन्: जब दुश्मनले हाम्रो विरुद्ध आक्रमणको योजना बनाइएको छ भने, हामीले पहिले हाम्रो आक्रमणको पूर्वानुमान र कार्यान्वयन गर्नुपर्छ।)

अर्को उत्तम नीति भनेको शत्रुको सेनालाई भेट्नबाट रोक्नु हो;

(उसलाई आफ्ना सहकर्मीहरूबाट अलग गर्नुपर्छ। हामीले यो बिर्सनु हुँदैन कि शत्रुताको कुरा गर्दा सुन-जूले आफ्नो समयको चीन विभाजित भएको असंख्य राज्य वा रियासतहरूलाई सधैँ मनमा राखेका थिए।)

अर्को उत्तम नीति भनेको शत्रुको सेनालाई मैदानमा आक्रमण गर्नु हो; (जब त्यहाँ उ आफ्नो पूर्ण शक्ति र शक्तिमा हुन्छ।)

र सबैभन्दा खराब नीति शत्रु सहरमा घेरा हाल्नु हो।

4.   नियम यो हो कि यदि यो बच्न सकिन्छ भने, पर्खाल भएका सहरहरू घेरा नगर्नुहोस्।

(सैन्य सिद्धान्तको अर्को उत्कृष्ट उदाहरण। यदि बोअर्स (दक्षिण अफ्रिकामा डच बसोबास गर्नेहरूका वंशजहरू) ले 1899 मा यसो गरेको भए, र किम्बर्ले, माफेकिङ वा लाडस्मिथमा आफ्नो सेनालाई नष्ट गर्नबाट जोगाएको भए, यो सम्भव छ कि ब्रिटिसहरूले उनीहरूलाई विरोध गर्नु अघि बोअर्सहरू त्यहाँ मालिक हुने थिए।)

घुम्ती आश्रयस्थल निर्माण गर्न, सवारी साधनलाई बस्न योग्य बनाउन र युद्धसामग्री संकलन गर्न तीन महिना लाग्ने छ।

(यहाँ 'मन्टलेट्स' (फलामको कवच) भनेर अनुवाद गरिएको चिनियाँ शब्दलाई के वर्णन गर्न प्रयोग गरिएको छ भन्ने कुरा स्पष्ट छैन। त्साओ कुङ्गले यसलाई 'ठुलो ढाल'का रूपमा परिभाषित गर्दछन्, तर हामीले यसको लागि ली-चुआनबाट राम्रो तर्क पाउँछौं, जसले सहरको पर्खालहरू नजिकबाट आक्रमण गर्नेहरूको टाउकोको रक्षा गर्ने उद्देश्य राखेका थिए। यो एक प्रकारको रोमन टेस्टुडो (एक ढालसँग सिपाहीहरू द्वारा लगाएको कवच) भएको देखिन्छ। तु-मू भन्छन् कि ती पाङ्ग्रे सवारी साधनहरू आक्रमणहरू हटाउन प्रयोग गरिन्छ, तर चेन-हाओले यसलाई अस्वीकार गर्छन्। टेस्टुडो सहरको

पर्खाल र टावरहरूमा पनि लागू हुन्छ। 'चलमान आश्रय'को सन्दर्भमा हामीले धेरै टिप्पणीकारहरूबाट स्पष्ट विवरणहरू पाउँछौं। तिनीहरू चार पाङ्ग्राहरूमा काठको एन्टी-मिसाइल संरचनाहरू थिए, भित्रबाट चल्ने। यी कच्चा छालाले ढाकिएका थिए र घेराबन्दीमा प्रयोग गरिन्थ्यो। तिनीहरू पर्खालहरूले घेरिएको खाली ठाउँ भर्न यसको प्रयोग गरिएको थियो। तु-मू भन्छन् कि टेस्टुडोलाई अहिले काठको गधा भनिन्छ।)

(यी अग्ला पर्खालहरू र शत्रुको कमजोर बिन्दुहरू पत्ता लगाउन जम्मा गरिएका पृथ्वीका धेरै ठुला ढिस्काहरू थिए, जुन अघिल्लो नोटमा उल्लेख गरिएको थियो।)

5. लामो घेराबन्दीको समयमा, जब सेनापतिले आफ्नो रिस नियन्त्रण गर्न असमर्थ हुन्छ, उसले आफ्ना सिपाहीहरूलाई कमिला जस्तै आक्रमण गर्न पठाउँछ,

(त्साओ कुङ्को ज्वलन्त उपमा पर्खाल चढ्ने कमिलाहरूको फौजको हो। यसको मतलब यो हो कि जब सेनापतिले लामो समय पछि आफ्नो धैर्य गुमाउन थाल्छ, उसले युद्ध सुरु हुनु भन्दा पहिले ठाउँमा आँधीबेहरी गर्ने प्रयास गर्न सक्छ।)

यसको परिणाम यो हुनेछ कि तिनका एक तिहाइ मानिसहरू मारिनेछन्, जबकि उसले सहर छुन सक्नेछैन। घेराबन्दीको विनाशकारी प्रभावहरू यस्ता छन्।

(पोर्ट आर्थर घटना भन्दा पहिले हामीले हालैको घेराबन्दीमा जापानीहरूले भोगेको भयानक क्षतिको सम्झना गराइन्छ जुन इतिहासमा रेकर्ड गर्नुपर्दछ।)

6. त्यसकारण, एकजना कुशल नेताले बिना कुनै लडाई शत्रुको सेनालाई वशमा पार्छ; उसले तिनीहरूलाई घेराबन्दी नगरी तिनीहरूका सहरहरू कब्जा गर्दछ। लामो समयसम्म युद्ध नगरी राज्यलाई पराजित गर्छ; तर जनतालाई हानि गर्दैन।

(चिया लिनले नोट गरे कि उसले केवल सरकारलाई पराजित गर्छ, तर व्यक्तिहरूलाई कुनै हानि गर्दैन। यिन राजवंशको अन्त्य गर्ने वू वाङ यसको उत्कृष्ट उदाहरण हुन्। उनलाई 'जनताकी आमा' भनेर प्रशंसा गरिएको थियो।)

7. उसले आफ्नो सेनालाई हानि नगरीकन सम्पूर्ण राज्यलाई जिन्नेछ र आफ्नो कुनै पनि सैनिकलाई नगुमाइकन एक आदर्श विजय हासिल गर्नेछ। यो कूटनीति मार्फत आक्रमण गर्ने उत्तम तरिका हो।

(वाक्यको पछिल्लो भाग दोहोरो अर्थका कारण चिनियाँ पाठमा निकै संवेदनशील छ। यही कारणले कुनै रणनीतिमा हतियारको प्रयोग भइरहेको छैन, तर यसको जिज्ञासा भने कायमै छ।)

यो छल द्वारा आक्रमण गर्ने तरिका हो।

8. युद्धको नियम हो कि यदि हाम्रो बल 10 र शत्रुको बल एक छ भने, उसलाई घेर्नुहोस्; यदि हाम्रो सेना र शत्रुको सेना बिचको अनुपात पाँच र एक छ भने, कुनै पनि कुराको प्रतीक्षा नगरी तुरुन्तै आक्रमण गर्नुहोस्।

(सीधा, कुनै पनि थप लाभको लागि प्रतीक्षा बिना।)

यदि अनुपात दुई र एक छ भने, आफ्नो सेनालाई दुई भागमा विभाजन गर्नुहोस् र अर्को भागलाई केहि छल-कपटको चालका लागि प्रयोग गर्नुहोस्।

(तु-मू यो भनाइको अपवाद हो। वास्तवमा, पहिलो नजरमा यो युद्धको मौलिक सिद्धान्तको उल्लङ्घन जस्तो देखिन्छ। यद्यपि, त्साओ-कुङ्ले सुन-जूको शब्दहरूको अर्थ बुझ्नको लागि एक संकेत पनि प्रदान गर्दछ। शत्रुलाई थाहा नदिई आफ्नो सेनालाई दुई भागमा विभाजन गरेर हामीले आफ्नो सेनाको एउटा भागलाई नियमित रूपमा प्रयोग गर्ने र अर्कोलाई केही विशेष प्रयोजनका लागि प्रयोग गर्न सक्छौँ भनी उनीहरू भन्छन्। चाङ-यूले यो कुरालाई अझ स्पष्ट पार्दछः यदि हाम्रो सेना शत्रुको भन्दा दोब्बर छ भने, यसलाई दुई भागमा विभाजन गर्नुपर्दछ, एउटा अगाडिबाट शत्रुको सामना गर्न र अर्कोलाई पछाडिबाट आक्रमण गर्न; यदि उसले अगाडिको आक्रमणको जवाफ दियो भने, ऊ पछाडिबाट कुचलिन सक्छ; पछाडिबाट आक्रमण भयो भने अगाडिबाट कुचलिन सकिन्छ। अर्थात्, एउटा भाग नियमित रूपमा प्रयोग गर्न सकिन्छ, जबकि अर्को विशेष परिस्थितिमा प्रयोग गर्न सकिन्छ। कुनै पनि सेनालाई विभाजन गर्नु गलत होइन भनेर तु-मूले बुझेका छैनन्। सेनालाई विभाजन र केन्द्रित गर्ने नियमित र रणनीतिक विधि हो। तु-मू यसलाई गल्ती भन्न हतार गर्दैछन्।)

9. यदि दुवै सेना बराबर छन् भने, हामी युद्ध सुरु गर्न सक्छौं।

(हो-शिह, ली-चुआनलाई पछ्याउँदै, यसको निम्न संक्षिप्त व्याख्या दिन्छन्: यदि आक्रमणकारी र यसमाथि आक्रमण भएको छ, दुबैको शक्ति समान रूपमा मेल खायो भने, तब केवल सक्षम सेनापति मात्र युद्धमा भिडिन्छ।)

यदि हाम्रो संख्या कम छ भने, हामीले युद्धबाट टाढा रहनुपर्छ र शत्रुमाथि नजर राख्नुपर्छ।

(त्यो 'हामीले शत्रु देख्न सक्छौं' पक्कै पनि माथिको एक ठुलो सुधार हो; तर, दुर्भाग्यवश त्यहाँ केही धेरै छैन यो ठुलो कुरा होइन। चाङ-यूले हामीलाई सम्झाउनुहुन्छ कि नियमहरू मात्र लागू हुन्छन् जब अन्य अवस्थाहरू बराबर हुन्छन्। संख्यामा सानो भिन्नता हाम्रोसि राम्रो ऊर्जा र अनुशासन द्वारा प्राप्त गरिएको सन्तुलन भन्दा बढी हुन्छ।)

यदि हामी सबै हिसाबले उहाँभन्दा कमजोर छौं भने, हामीले भाग्नुपर्छ।

10. सानो सेनाले जिद्दी भएर युद्ध लड्न सक्छ तर ठुलो सेनाको विरुद्धमा उभिन सक्दैन र अन्तमा ठुलो सेनाले तिनीहरूलाई पराजित गर्नेछ।

11. सेनापतिहरू राज्यको पर्खाल हुन्। यदि पर्खाल सबैतिर पूर्ण र बलियो छ भने, राज्य शक्तिशाली हुनेछ। यदि पर्खालको कमजोरी वा दोषपूर्ण छ भने, राज्य कमजोर हुनेछ। त्यसैले सेनापति सबै हिसाबले बलियो र दोषरहित हुनुपर्छ।

(ली-चुआनले संक्षेपमा भन्नुभएझैं, यदि सेनापतिको क्षमता पूर्ण छैन (अर्थात् यदि ऊ आफ्नो पेसाका बारेमा पूर्ण रूपमा जान्दैन भने), तब सेना र सेनापतिका बिच दूरी सिर्जना हुन्छ। यसले उसको शक्तिलाई कम गर्नेछ।)

12. कुनै पनि शासकले आफ्नो सेनालाई तीन तरिकाले दुर्भाग्य दिन सक्छ अथवा दुर्भाग्यको कारण बन्न सक्छ-

13. (1) सेनाले त्यो आदेश मान्न सक्दैन भन्ने थाहा नभएको अवस्थामा सेनालाई अगाडि बढ्न वा पछि हट्न आदेश दिएर। यो आदेश सेनाको खुट्टा बाँध्नु बराबर मानिन्छ।

(आफ्नो टिप्पणीमा ली-चुआन यसो भन्छन्: यो एक राम्रो नस्लको खुट्टा एकैसाथ बाँध्नु जस्तै हो, जसले गर्दा ऊ कुद्न असमर्थ हुन्छ। यसबाट

जनताले स्वभाविक रूपमा बुझ्नेछन् कि शासकले परिस्थितिबाट अनभिज्ञ, घरमै बसेर आफ्नो सेनालाई टाढाबाट निर्देशित गर्न खोजिरहेका छन्। तर, टिप्पणीकारको अर्थ ठीक उल्टो हुन्छ। ताई– कुङ्को उखान उद्धृत गर्दै उनी भन्छन्, 'कुनै पनि राज्य बाहिरबाट चलाउनु हुँदैन र सेनालाई मैदान बाहिरबाट निर्देशन दिनु हुँदैन। यो निस्सन्देह सत्य हो कि युद्धको समयमा वा शत्रुसँग नजिकको सम्पर्कमा, सेनापतिले आफ्नो सिपाहीहरूको घेरामा होइन अलिकति टाढ बस्नुपर्छ। अन्यथा, उसले समग्र स्थितिलाई गलत अनुमान गर्न र गलत आदेश दिन उत्तरदायी हुनेछ।)

14.   (2) सेना कस्तो अवस्थामा छ भन्ने कुरा शासकलाई थाहा नहुने र सेनालाई आफूले राज्य चलाउने तरिकाले चलाउन खोज्दा सैनिकको मनमा असहजता उत्पन्न हुन्छ।

(तस्वतन्त्र रूपमा अनुवादित त्साओ-कुङ्को टिप्पणीमा यसो भन्छ: सैन्य क्षेत्र र नागरिक क्षेत्र पूर्ण रूपमा अलग छन्; सेना सञ्चालनलाई अज्ञानीको हातमा छाड्न मिल्दैन। र चांग-यू भन्छन्: मानवता र न्याय दुई सिद्धान्तहरू हुन् जसमा राज्यको शासन टिक्छ, तर सेना होइन। सेनाले अवसरवाद र लचिलोपनामा काम गर्छ। राज्यको सेना चलाउनका लागि नागरिक गुणभन्दा पनि सैन्य शासनलाई आत्मसात गर्नुपर्छ।)

15.   (3) हाम्रो सेनाका अधिकारीहरूलाई उनीहरूको क्षमता र योग्यता अनुसार कुनै भेदभाव बिना फरक प्रयोग गर्नुको सट्टा

(अर्थात, उहाँ सही व्यक्तिलाई सही ठाउँमा प्रयोग गर्न सावधान छैन।)

सबैलाई एउटै लाठीले कुटेर, परिस्थितिसँग मिल्ने सैन्य सिद्धान्त नजान्दा सैनिकको आत्मविश्वास डगमगाउँछ।

(यहाँ म मेई-याओ-चैनलाई पछ्याउँछु। अन्य टिप्पणीकारहरूले शासकको उल्लेख गर्दैनन्, जस्तै 13, 14 तर उहाँद्वारा नियुक्त अधिकारीहरू उल्लेख पाइन्छ। तु-यू भन्छन्, यदि कुनै जनरल अनुकूलनताको सिद्धान्तबाट अनभिज्ञ छ भने, उसलाई कुनै पनि प्रकारको निर्णय गर्ने पद दिनु हुँदैन। तु-तू भन्छन्, सिपाहीको निपुण कर्मचारीले ज्ञानी, बहादुर, लोभी र मूर्खलाई नियुक्त गर्छ। किनकि

झानी मानिस आफ्नो योग्यता देखाउनमा रमाउँछ, बहादुर मानिसले युद्धमा आफ्नो वीरता देखाउन मन पराउँछ, लोभी मानिसले लाभलाई छिट्टै चिन्न सक्छ, र मूर्ख मानिसलाई मृत्युको डर हुँदैन।)

16. जब सेना अस्थिर र शंकास्पद हुन्छ, यो निश्चित छ कि अर्को राज्यको राजाले तपाईंको लागि समस्या सिर्जना गर्नेछ। यसले सेनामा अराजकता सिर्जना गर्छ र विजयले तपाईलाई टाढा राख्छ।

17. यसरी हामी भन्न सक्छौं कुनै पनि युद्ध जीत्ने पाँच प्रमुख कारण हुन्-

(1) जसलाई कहिले लड्ने र कहिले लड्नु हुँदैन भन्ने थाहा हुन्छ उसले मात्र जित्छ।

(चांग-यू भन्छन्, यदि ऊ लड्न सक्छ, ऊ अगाडि बढ्छ र आक्रामक हुन्छ। यदि ऊ लड्न सक्दैन भने, ऊ पछि हट्छ र रक्षात्मक अवस्थामा रहन्छ। आक्रामक वा डिफेन्सिभ हुनु सही हो कि भनेर जान्ने उहाँ सधैँ जित्नुहुनेछ।)

(2) उसले मात्र जित्छ जसले श्रेष्ठ र कमजोर सेनालाई कसरी प्रयोग गर्न जान्दछ।

(ली-चुआन र अरूले औँल्याएझैँ सही र गलत मानिसहरूको सङ्ख्या सही रूपमा अनुमान लगाउने सेनापतिको क्षमता मात्र होइन। चाङ-यूले यो उखानलाई थप सन्तोषजनक रूपमा व्याख्या गर्नुभयो। उनीहरू भन्छन्, युद्ध कला प्रयोग गरेर सानो सेनाले ठुलो शक्तिलाई हराउन सम्भव छ। यसको विपरित, युद्धको कुनै कला नजानेर, जो कोहीलाई पनि परास्त गर्न सक्छ, चाहे त्यो सानो होस् वा ठुलो। जीतको रहस्य परिस्थितिलाई बुझ्ने र सही अवसरलाई हातबाट नछोड्नुमा छ। यसरी वु-जू भन्छन्, यदि तपाईंसँग शक्तिशाली सेना छ भने, तपाईंका लागि युद्ध सजिलो हुनेछ। अर्कोतर्फ, कम शक्तिशाली व्यक्तिसँग परिस्थितिहरू कठिन हुन्छन्।)

(3) युद्ध उसैले जित्छ जसको सेना समान जोशले प्रेरित भएर बिना भेदभाव लड्छ।

(4) उसले मात्र जित्छ जो आफै तयार छ, तर शत्रु तयार छैन। उसले शत्रु शिथिल भएको कुर्नु पर्छ।

(5) जोसँग सिपाहीहरूको श्रेष्ठ क्षमता छ र जसको राजाले आफ्नो निर्णयमा हस्तक्षेप गर्दैनन् उसले मात्र युद्ध जित्छ।

(तु-यूले वाङ्-जूलाई उद्धृत गर्दै यसो भने: फराकिलो निर्देशन दिनु शासकको कर्तव्य हो, तर युद्धको निर्णय लिनु सेनापतिको कर्तव्य हो। मैदानमा युद्धको आचरणमा शासकको पक्षबाट अनुचित हस्तक्षेपले सैन्य प्रकोपको फैलावट निम्त्याउँछ। नेपोलियनले आफ्नो असाधारण सफलताको श्रेय यस तथ्यलाई दिए कि उनका निर्णयहरूमा केन्द्रीय सरकारको कुनै अनुचित हस्तक्षेप थिएन।)

18. त्यसैले भनिएको छ, यदि तपाईंले आफ्नो शत्रु र आफैलाई चिन्नुभयो भने, तपाईंले सय युद्धको परिणामसँग डराउनु पर्दैन। यस्तो होइन कि हरेक युद्धमा जित तपाईंकै हुन्छ, हारको लागि पनि तयार रहनुपर्छ।

(ली-चुआनले 383 ईस्वीमा चिनियाँ सम्राटको विरुद्धमा विशाल सेना लिएर चीनका राजकुमार फू-चिएनको एउटा प्रसंग उद्धृत गरे। ह्सीह-एन र हुआन-चुङ जस्ता मानिसहरूको सेवामा कमान्ड गर्ने शत्रुलाई घृणा नगर्न चेतावनी दिँदा, उहाँले गर्वसाथ जवाफ दिनुभयो, मसँग आठ प्रान्तको जनसंख्याको जिम्मा छ, दस लाख पैदल सेना र अश्वारोहीहरू छन्; यदि हामीले चाहेको भए, हामीले हाम्रो सानो प्रयासले यांग्त्जे नदीलाई बाँध बनाउन सक्थ्यौं, तर यो हुन सकेन। म कस्तो खतराबाट डराउँछु? यद्यपि, तिनका सेनाहरू चाँडै फी नदीबाट पछि फर्किए। नदीको विनाशकारी प्रकृति देखेर उनीहरू हतार हतार पछि हट्न बाध्य भए।)

यदि तपाई आफैलाई चिन्नुहुन्न र शत्रुलाई चिन्नुहुन्न भने, तपाईंले एउटा युद्ध जित्नुहुनेछ र अर्को हार्नुहुन्छ। यदि तपाईंलाई थाहा छैन भने युद्धमा तपाईंको पराजय निश्चित छ।

(शत्रुलाई चिन्नाले तपाईंलाई आक्रामक बन्न सक्षम बनाउँछ, जबकि आफैलाई चिन्नाले तपाईंलाई रक्षात्मक बन्न सक्षम बनाउँछ, चाङ्-यू भन्छन्। उनी थप भन्छन्, आक्रमण रक्षाको अर्को रूप हो। रक्षा आक्रमणको एउटा योजना हो। युद्धका आधारभूत सिद्धान्तहरूको राम्रोसँग बुझ्न गाह्रो हुनेछ।)

IV

सामरिक मनोवृत्ति

(त्साओ-कुङ्ले यस अध्यायको शीर्षकमा प्रयोग गरिएका शब्दहरूको चिनियाँ अर्थ व्याख्या गर्दै सामरिक मनोवृत्ति भनेको एकअर्काको स्थिति पत्ता लगाउन दुवै सेनाको तर्फबाट मार्च र काउन्टरमार्च गर्नु हो भनी बताउँछन्। यो उनीहरूको स्वभाव मार्फत् सेनाको अवस्था पत्ता लगाउनको लागि हो। उनी भन्छन्, आफ्नो स्वभाव लुकाउनुहोस् र आफ्नो स्थिति गोप्य रहनेछ, जसले विजय तपाईंलाई जीततर्फ लैजान्छ। तपाईंको रिस देखाउँदा तपाईंको लागि चीजहरू उल्टो हुनेछ, जसले हारतर्फ डोर्‍याउँछ। वाङ-ह्सी टिप्पणी गर्छन् कि एक राम्रो सेनापतिले आफ्नो रणनीति परिवर्तन गरेर दुश्मन विरुद्ध आफ्नो सफलता सुरक्षित गर्न सक्छ।)

1. सुन-जू भन्छन्, विगतका राम्रा योद्धाहरूले पहिले आफूलाई हारको सम्भावनाबाट टाढा राख्न उपायहरू गरे र त्यसपछि शत्रुलाई परास्त गर्ने अवसरको प्रतीक्षा गरे।

2. हारबाट आफूलाई सुरक्षित राख्नु हाम्रो आफ्नै हातमा छ, तर शत्रुलाई परास्त गर्ने मौका शत्रु आफैले प्रदान गर्दछ।

    (अर्थात् त्यो, पक्कै पनि शत्रुको तर्फबाट भएको गल्तीले।)

3. यसरी, असल योद्धाले हारबाट आफूलाई सुरक्षित गर्न सक्षम हुन्छ,

(चांग-यू भन्छन् कि यो आफ्ना सेनाहरूको स्वभाव लुकाएर र आफ्नो मार्गहरू गोप्य राखेर निरन्तर सावधानी अपनाएर गर्न सकिन्छ।)

तर, उनले शत्रुलाई हराउने ग्यारेन्टी दिन सक्दैन।

4. त्यसैले यो भनाइ छ, कसैले युद्ध कसरी जिन्ने भनेर जान सक्छ, तर गर्न नसक्ने हुन सक्छ।

5. पराजयबाट जोगाउनु भनेको रक्षात्मक रणनीति हो; शत्रुलाई परास्त गर्ने क्षमता भनेको आक्रमण गर्नु हो।

(सबै टिप्पणीकारहरू मेरो विरुद्धमा छन् भन्ने तथ्यको बावजुद, म ग्रन्थको 1-3 मा लेखिएको कुराको समान अर्थ राख्छु। जिन्न नसक्नेहरू रक्षात्मक बन्नु पक्कै पनि प्रशंसनीय हो।)

6. रक्षात्मक मुद्रामा हुनुले तपाईंको शक्ति अपर्याप्त छ भन्ने संकेत गर्छ; आक्रमणले तपाईंको शक्ति धेरै छ भनेर देखाउँछ।

7. रक्षामा निपुण एक सेनापति गएर पृथ्वीको सबैभन्दा गोप्य ठाउँहरूमा लुक्छ।

(शाब्दिक रूपमा, नवौँ पृथ्वी भित्र लुकेको चरम गोप्यतालाई संकेत गर्ने रूपक हो, ताकि शत्रुले आफ्नो ठेगाना थाहा नपरोस्।)

जो आक्रमण गर्नमा निपुण छ, त्यो चम्किलो तरवार लिएर आकाशबाट ओर्लिन्छ।

(अर्को एउटा रूपक, जसको अर्थ उसले आफ्नो शत्रुलाई आफ्नो चालको बिरूद्ध तयारी गर्न समय नदिई वज्रको रूपमा आफ्नो विरोधीमाथि खस्छ। धेरैजसो टिप्पणीकारहरू यही विचार छ।)

यसरी, एकातिर हामीसँग आफूलाई जोगाउने क्षमता हुन्छ; अर्कोतर्फ, पूर्ण विजय हासिल गर्ने योग्यता हुन्छ।

8. आम जनताले देख्न थालेपछि मात्र आफ्नो जित देख्नु श्रेष्ठताको पराकाष्ठा होइन।

(त्साओ-कुङ्ले टिप्पणी गरेझैँ, बिरुवालाई अंकुरण हुने अगावै हेर्नु भनेको कार्य सुरु हुनु अघि घटनालाई हेर्नु जस्तै हो। ली-चुआनले हान-सीनको कथालाई उल्लेख गर्दै भन्छन् कि जब चाओको

विशाल श्रेष्ठ सेनालाई आक्रमण गर्न चेंग-एन सहरमा पूर्ण शक्तिका साथ अघि बढिरहेका थिए, हान-सीनले आफ्ना अधिकारीहरूलाई भने: सज्जनहरू, हामी जाँदैछौं। शत्रुलाई नष्ट गर्नुहोस्, हामी फेरि रात्रिभोजको समयमा भेट्नेछौं। अधिकारीहरूले उनको भनाइलाई गम्भीरतापूर्वक लिएनन् र धेरै शंकास्पद सहमति दिए। तर हा-सीले पहिलै देखि आफ्नो दिमागमा एउटा चतुर्याइपूर्ण चाल तयार पारेका थिए जसले गर्दा उनले अनुमान लगाएका थिए, त्यो सहर माथि कब्जा गरे अनि आफ्ना दुश्मनलाई मार हान्नमा सक्षम थिए।

9. यदि तपाईं लड्नुभयो, जित्नुभयो र सम्पूर्ण साम्राज्यले तपाईंलाई प्रशंसा गर्छ, यो उत्कृष्टताको उपलब्धि पनि होइन।

(तु-मू भन्छन् कि तपाईंले गोप्य योजनाहरू बनाउनुहोस्, गोप्य रूपमा चाल्नुहोस्, शत्रुको मनसायको अनुमान लगाउनुहोस् र उसको योजनालाई विफल पार्नुहोस्, ताकि अन्तमा रगतको एक थोपा पनि नबगाई युद्ध जित्न सकिन्छ।)

10. खरायौको केश उखल्नु ठुलो शक्तिको संकेत होइन;

(खरगोशको केशलाई यहाँ एक अवस्थाको रूपमा व्याख्या गरिएको छ जुन शरद ऋतुमा सबैभन्दा राम्रो हुन्छ, जब यो फेरि नयाँ तरिकाले बढ्न थाल्छ। यो वाक्यांश चिनियाँ लेखकहरूमा धेरै सामान्य छ।)

सूर्य र चन्द्रमा देख्नु तेज दृष्टिको लक्षण होइन। बादलको गर्जनको आवाज सुन्नुको मतलब यो होइन कि तपाईंको कान धेरै तिखो छ।

(हो-शिहले शक्ति, गहिरो दृष्टि र तीखा कानको संकेत दिन्छन्, वु-हुओले 250 पाउण्ड तौलको ट्राइपड उठाउन सक्थे, ली-चूले तोरीको दाना जत्तिकै बस्तु एक सय कदमको दुरीमा देख्न सक्थे, संगीतकार भए पनि अन्धो भएकाले शिह-कुआङ्ले लामखुट्टेको प्वाँखको आवाज पनि सुन्न सक्थे।)

11. पूर्वजहरूले जसलाई चतुर योद्धा भनेका थिए, त्यो केवल जित्ने मात्र होइन, सजिलै जित्न पनि सक्षम हुन्छ।

(अन्तिम आधाको शाब्दिक अर्थ हो, जसले जित्छ, सजिलै जित्नमा उत्कृष्टता प्राप्त गर्दछ। मेई याओ-चेन भन्छन्, जसले अगाडीको कुरा

मात्र स्पष्ट देख्छ उसले आफ्नो लडाइमा कठिनाईको साथ जित्छ; जसले सतह मुनि गहिरो चीजहरू देख्छ उसले सजिलै जित्छ।)

12. त्यसकारण उसको जितहरूले उसको बुद्धिको उचाइलाई चिन्ह लगाउँदैन, न त उसलाई बहादुरीको श्रेय दिइन्छ।

(तु-मूले यो कुरा राम्ररी व्याख्या गर्दै यसो भने कि उहाँका विजयहरू मानिसहरूका सामुन्ने प्रकट नभएका परिस्थिति माथि प्राप्त भएको हुनाले, त्यैले संसारलाई उसको बारेमा केही थाहा छैन, र उसले आफ्नो बुद्धि प्रदर्शन गर्न कुनै युद्ध जित्दैन। राज्यले कुनै पनि रक्तपात हुनु अघि शत्रुको अगाडि झुक्छ, तर त्यसले साहसी भएको कुनै श्रेय दिदैन।)

13. उसले कुनै गल्ती नगरी आफ्नो युद्ध जित्छ।

(चेन-हाओ भन्छन्: उसले आवश्यक भन्दा बढी गस्ती गर्ने योजना बनाउँदैन, उसले कुनै अर्थहीन आक्रमण गर्दैन। विचारहरूको सम्बन्धलाई चाङ-यूले यसरी व्याख्या गरेका छन्: जसले आफ्नो सम्पूर्ण शक्तिले जित्न चाहन्छ, उसले आफ्नो चलाखीले कठिन युद्धहरू पनि जित्न सक्छ, कहिलेकाहीँ पराजित हुन सक्छ। जबकि, योद्धा जसले भविष्य देख्न सक्छ र हालसम्म नआएको परिस्थितिहरू बुझ्न सक्छ उसले कहिल्यै गल्ती गर्दैन र सधैँ सजिलै जित्नेछ।)

गल्ती नगर्दा विजय सुनिश्चित हुन्छ किनभने यसको मतलब शत्रु पहिले नै पराजित भएको छ।

14. त्यसैले, एकजना कुशल लडाकुले आफूलाई यस्तो स्थितिमा राख्छ कि हार असम्भव हुन्छ। र उसले शत्रुलाई हराउने कुनै पनि अवसरलाई कहिल्यै छोड्दैन।

(तु-मूले वास्तवमा यसलाई पूर्णताको अवस्थाको रूपमा हेर्छन्। तिनीहरू भन्छन् कि सेनापतिले आफ्नो सेनाको वास्तविक स्थिति सार्वजनिक गर्न आवश्यक छैन। यसमा एक बुद्धिमान सेनापतिले आफ्नो सेनाको सुरक्षा बढाउन गर्ने सबै प्रबन्ध र तयारीहरू पनि समावेश छन्।)

15. यसरी, विजयी रणनीतिकारले आफ्नो हृदयबाट जितेको बेला मात्र युद्ध गर्न चाहन्छ। तर, जसको भाग्यमा हार लेखिएको हुन्छ, उसले पहिले लड्छ र पछि जित्ने प्रयास गर्छ।

(हो-शिहले विरोधाभासलाई यसरी व्याख्या गर्छन्: पहिले युद्धको लागि योजना बनाउनुहोस् जसले विजय सुनिश्चित गर्नेछ र त्यसपछि कुशलतापूर्वक आफ्नो सेनालाई युद्धको मैदानमा लैजानुहोस्। तिनीहरू भन्छन् कि यदि तपाइँ कूटनीतिबाट सुरु गर्नुहुन्न र केवल बलमा भर पर्नुभएन भने, जीत सुनिश्चित हुँदैन।)

16. पूर्ण नेताले नैतिक कानूनको बारेमा कुरा गर्छ, र कडाईका साथ कानून र अनुशासनको पालना गर्दछ। यसरी, उसले आफ्नो शक्तिले सफलतालाई नियन्त्रण गर्न सक्छ।

17. सैन्य विधि अनुसार, हामीसँग पाँच चीजहरू छन् - पहिलो मापन, दोस्रो शत्रु सेनाको संख्याको अनुमान; तेस्रो भनेको गणना, चौथो सम्भावना र अवसरको सन्तुलन र पाँचौं भनेको युद्धमा विजय हो।

18. पृथ्वीको कारणले मापन अवस्थित छ। मापन को लागि मात्राको अनुमान; मात्राको अनुमान लागि गणना; गणना अवसरहरूको सन्तुलन; र जितका लागि अवसरहरूको सन्तुलन हुनु आवश्यक छ।

(चिनियाँमा स्पष्ट रूपमा चार शब्दहरू छुट्याउन सजिलो छैन। पहिलो जमिनको सर्वेक्षण र मापन जस्तो देखिन्छ, जसले हामीलाई शत्रुको शक्ति अनुमान गर्न र यसरी प्राप्त डाटाको आधारमा गणना गर्न सक्षम बनाउँछ। यसरी हामी सेनापतिको शक्ति वा शत्रुको विजय वा पराजयको सम्भावनालाई आफ्नैसँग तुलना गर्न प्रेरित हुन्छौं। उत्प्रेरणा सहि छ भने जित सुनिश्चित छ। मुख्य कठिनाई तेस्रो शब्दमा निहित छ, जसलाई चिनियाँ भाषाका केही टिप्पणीकारहरूले सङ्ख्याको गणन भन्ने अर्थ लिन्छन् र यसलाई दोस्रो शब्दको लगभग पर्यायवाची बनाउँछ। सायद दोस्रो कार्यकाल शत्रुको सामान्य अवस्था वा स्थितिको विचारको रूपमा लिइन्छ, जबकि तेस्रो कार्यकाल उसको संख्यात्मक शक्तिको अनुमान हो। अर्कोतर्फ, तु-मू भन्छन्, सापेक्षिक शक्तिको प्रश्न समाधान भइसकेपछि हामीले युद्धमा चतुर्याइ प्रयोग गर्न सक्छौं। हो-शिहले यस व्याख्यालाई दोस्रो विचारधाका रूपमा लिन्छ, तर यसलाई कमजोर पनि गर्दछ। यद्यपि, यसले संख्याहरूको गणनाको रूपमा तेस्रो पदलाई संकेत गर्दछ।)

19. पराजित सेना विरुद्ध विजयी सेनाको जित भनेको तराजूको एउटा पल्लामा एक पाउण्ड र अर्कोमा एउटा दाना राख्नु सरह हो।

(शाब्दिक रूपमा, एक विजयी सेना 'आई' (चिनियाँमा 20 औंस) शू (चिनियाँमा औंसको 24औं भाग) विरुद्ध तौलिएको जस्तै हो। नियन्त्रित सेना भनेको 'शू' जस्तै हो जसको तौल 'आई'को बरोबर हुन्छ। अर्थात्, विजयले सेनालाई अनुशासनले भरिपूर्ण बनाउँछ, जबकि हारले एकभन्दा बढी मनोबल घटाउँछ। लीज, मेन्सियसको आफ्नो नोटमा, 'आइ' लाई 24 चिनी औंसको रूपमा दिन्छ र यो 20 औंस बराबर छ भन्ने चू-ह्सीको भनाइलाई समर्थन गर्दछ। ताङ राजवंशका ली-चुआनले चू-ह्सीको आकृतिलाई सही मान्थे।)

20. विजय पछि सेनाको आगमन बाँध भत्किनु र हजार फिट गहिरो खाडलमा झर्नु र फुट्नु जस्तै हो।

V

ऊर्जा

1. सुन-जू भन्छन्- ठुलो सेनाको नियन्त्रणको सिद्धान्त मुट्ठीभर सिपाहीहरूको नियन्त्रण जस्तै हो। यसमा मुख्य कुरा सेनालाई सही ढङ्गले विभाजन गरी सञ्चालन गर्नु हो।

(अर्थात्, सेनालाई मातहतका अधिकारीहरूको नेतृत्वमा रेजिमेन्ट, कम्पनीहरू आदिमा विभाजन गर्नुपर्छ। तु-मूले हामीलाई पहिलो हान सम्राट हान-सीनले दिएको प्रख्यात जवाफको सम्झना गराउँदछ, जसले एक पटक उनलाई सोध्यो, म कति ठुलो सेनाको नेतृत्व गर्न सक्छु भन्ने लाग्छ? जवाफमा हान-सीनले भने- 100,000 भन्दा बढी मानिसहरू होइन, महाराज। यसपछि राजाले हान–सीनलाई सोधे र तिमी ? हान-सीनले जवाफ दिए, जति धेरै, राम्रो।)

2. तपाईंको कमाण्डमा ठुलो सेनासँग लड्नु सानो सेनासँग लड्नु भन्दा फरक छैन। यो केवल संकेतहरू र इशाराहरू लागू गर्ने कुरा हो।

3. तपाईंको सेनाले शत्रुको आक्रमणको प्रहारलाई सामना गर्न र युद्धको मैदानमा स्थिर रहन सुनिश्चित गर्न प्रत्यक्ष र अप्रत्यक्ष युद्धाभ्यासहरू प्रयोग गर्नुहोस्।

ली चुआन: 'शत्रुको सामना गर्नु 'चेंग' हो, किनारबाट आक्रमण गर्नु 'ची' हो।' वा लिन: शत्रुको उपस्थितिमा, तपाईंको सेनाहरू सामान्य रूपमा तैनाथ गरिनु पर्छ, तर तपाईंले विजय हासिल गर्न असामान्य रणनीतिहरू प्रयोग गर्नुपर्छ। मी याओ चेन 'ची सक्रिय छन्, चेङ

निष्क्रिय छन्: निष्क्रियता भनेको अवसरको लागि पर्खनु हो, सक्रियता स्वयंले विजय ल्याउँछ।' वी लियाओ जू: 'प्रत्यक्ष युद्धले अगाडिबाट आक्रमणलाई महत्त्व दिन्छ, अप्रत्यक्ष युद्धले पछाडिबाट आक्रमणलाई महत्त्व दिन्छ।' यो लिन चिन विरुद्ध लडिरहेका हैन-सिनको प्रसिद्ध शोषण थियो। अकस्मात् उनले काठको टबमा नदी पारी ठुलो सेना पठाए, जसको कारण उनको प्रतिद्वन्द्वी पूर्ण रूपमा निराश भयो। लिन-चिनमा मार्च गर्नु चेङ थियो र अचम्मको रणनीति ची थियो।

(अब सुन-जूको ग्रन्थमा उल्लेख गरिएका सबैभन्दा महत्त्वपूर्ण सन्धिहरूको बारेमा कुरा गरौँ। यसमा चेङ र चीले युद्ध सन्धिहरूको सबैभन्दा रोचक भागहरू मध्ये एक छलफल गर्छन्। किनकि यी दुई शब्दहरूको पूर्ण महत्त्व बुझ्न, वा तिनीहरूको उचित अङ्ग्रेजी समकक्षद्वारा तिनीहरूलाई निरन्तर रूपमा प्रतिनिधित्व गर्न सजिलो छैन; अगाडि बढ्नु अघि यस विषयमा केही टिप्पणीकारहरूको टिप्पणी तालिकाबद्ध गर्न आवश्यक छ। ली चुआन भन्छन्: युद्धको मैदानमा शत्रुसँग सामना गर्नु भनेको 'चेङ' हो, जबकि पछाडिबाट आक्रमण गर्नु 'ची' हो। चिआ-लिन: शत्रुको उपस्थितिमा, तपाईंका सेनाहरू सामान्य रूपमा तैनाथ हुनुपर्छ, तर तपाईंले युद्ध जित्न असामान्य रणनीतिहरू प्रयोग गर्नुपर्छ। मी याओ-चेन: ची सक्रिय छ, चेङ निष्क्रिय छ। यहाँ निष्क्रियता भनेको अवसरको प्रतीक्षा गर्नु हो। युद्धमा सक्रियताले नै विजय ल्याउँछ। हो-शिहको रणभूमिमा हामीले गरेको आक्रमण शत्रुलाई हामीले गोप्य रूपमा डिजाइन गरेको जस्तो देखिनुपर्छ। बरु, हामीले उनीहरूको पक्षबाट पनि त्यही मान्नुपर्दछ। यसरी, 'चेङ' पनि 'ची' हुन सक्छ, र 'ची' पनि 'चेङ' हुन सक्छ। उनले हान-ह्सीनको प्रसिद्ध शोषणको उदाहरण दिन्छन्, जसले लिन-चिन (अहिले शेन्सीमा चाओ-आई) विरुद्ध लड्दा अचानक पहेँलो नदीको किनारमा ठुलो सेनालाई काठको बक्समा ल्याए र आफ्नो प्रतिद्वन्द्वीलाई पूर्ण रूपमा नष्ट गरे। विचलित हुन्छ। (चियन-हान-शू, अध्याय-3) यहाँ, हामीलाई भनिएको छ, लिन-चिनमाथिको आक्रमण 'चेङ' थियो, र पाली नदीमा ठुलो सेनालाई अवतरण गर्ने अचम्मको चाल 'ची' थियो। यद्यपि, चाङ-यूले 'चेङ' र 'ची' शब्दहरूबारे आफ्नो धारणा राख्दै सैन्य कारबाही र युद्धका लेखकहरू 'ची' र 'चेङ' को

अर्थमा सहमत नहुने बताए। वेई-लियाओ-त्यू (चौथो शताब्दी ईसा पूर्व) भन्छन्: प्रत्यक्ष युद्धहरू अग्रगामी आक्रमणहरूद्वारा लडाइन्छ। अप्रत्यक्ष युद्धले पछाडि वा चुपचापबाट आक्रमणहरूलाई निम्तो दिन्छ। त्साओ-कुङ भन्छन्: लडाइ अगाडि आउनु प्रत्यक्ष कार्य हो; युद्धको लागि शत्रुको पछाडिबाट देखा पर्नु एक अप्रत्यक्ष चाल हो। ली-वेई-कुङ (छैठौँ र सातौँ शताब्दी ईस्वी) भन्नुहुन्छ: युद्धमा, सीधा अगाडि बढ्नु 'चेंग' हो; अर्कोतर्फ युद्धमा रणनीति बदल्नु भनेको 'ची' हो। यी लेखकहरूले 'चेङ'लाई 'चेङ' र 'ची'लाई 'ची' भनेर मात्र छन्। दुवै एक अर्काका परिपूरक हुन् र यताउता हिँड्दा कुनै न कुनै बेला एकअर्कासँग ठोक्किन्छन् भन्ने कुरामा उनीहरू ध्यान दिँदैनन्। ताङ सम्राट ताई-त्सुङ यस मामिलामा जडोसम्म पुग्छन्। तिनीहरू भन्छन् कि ची को चाल 'चेंग' हुन सक्छ। यदि हामीले शत्रुलाई 'चेङ' भनेर हेर्‍यौँ भने, यसको उल्टो हाम्रो वास्तविक आक्रमण 'ची' हुनेछ। सम्पूर्ण रहस्य शत्रुलाई भ्रममा पार्नमा छ, ताकि उसले हाम्रो साँचो मनसाय बुझ्न सक्दैन। यसलाई अलि बढी स्पष्ट रूपमा भन्नुपर्दा, 'चेङ' भनेको शत्रुमाथिको कुनै पनि आक्रमण वा अन्य सैन्य कारबाही हो जसमा शत्रुले आफ्नो ध्यान केन्द्रित गरेको हुन्छ। जबकि, 'ची' भनेको शत्रुलाई चकित पार्ने रणनीति हो, अप्रत्याशित चाललाई बाध्य पार्छ, जसले अक्सर गल्तीहरूको लागि ठाउँ छोड्छ। यदि शत्रुले आन्दोलनको योजना बनायो भने 'ची' को अर्थ तुरुन्तै 'चेङ' हुन्छ।)

4.   मैदानमा तपाईंको सेनाको प्रभाव एउटा अण्डा हिर्काउने ठुलो ढुङ्गा जस्तै हुनुपर्छ। यो कमजोर र बलियो बिन्दुहरूको अनुभव र ज्ञानको माध्यमबाट प्राप्त हुन्छ।

5.   सबै प्रकारका युद्धहरूमा, युद्ध लड्न प्रत्यक्ष प्रणाली प्रयोग गर्न सकिन्छ, तर विजय प्राप्त गर्न अप्रत्यक्ष विधिहरू आवश्यक पर्दछ।

(1) (चांग-यू भन्छन् कि अप्रत्यक्ष रणनीतिमा निरन्तर काम गरेर, व्यक्ति सधैँ या त शत्रुलाई हटाउन सक्षम हुनेछ, वा शत्रुको हातमा हार स्वीकार गर्न सक्षम हुनेछ। अप्रत्यक्ष रणनीतिको एक शानदार उदाहरण दोस्रो अफगान युद्धको समयमा पीवर कोटल वरपर लर्ड रोबर्ट्स द्वारा रातको गस्ती थियो, जसले सम्पूर्ण अभियानको भाग्य निर्धारण गर्‍यो।)

6. अप्रत्यक्ष रणनीतिहरू, यदि सावधानीपूर्वक लागू गरियो भने, आकाश र पृथ्वी जत्तिकै अथाह छ। नदीहरूको प्रवाह जस्तै, तिनीहरू अनन्त छन्। तिनीहरू सूर्य र चन्द्रमा जस्तै हुन्, जो मर्छन्, तर अर्को दिन संसारमा नयाँ प्रकाश पार्नको लागि देखा पर्छन्। तिनीहरू चार ऋतुहरू जस्तै हुन्, जुन जान्छ र फर्कन्छ।

(तु-यू र चाङ-यूले यसलाई 'ची' र 'चेङ'को क्रमपरिवर्तनको रूपमा लिन्छ। तर, वर्तमानमा सुन-जूले 'चेङ'को बारेमा खासै कुरा गरिरहेको छैन, जबसम्म हामीले यू-सीनसँग 'चेङ' सम्बन्धी खण्ड पाठबाट छाडिएको छ भनी मान्दैनौं। निस्सन्देह, पहिले नै उल्लेख गरिए अनुसार, दुवै सैन्य अपरेशनहरूमा यति अस्पष्ट रूपमा जोडिएका छन् कि उनीहरूलाई वास्तवमै अलग मान्न सकिँदैन। यहाँ हामीसँग एक महान नेताको असीम स्रोतहरूको लाक्षणिक भाषामा अभिव्यक्ति छ।)

7. सङ्गीतका पाँच भन्दा बढी स्वरहरू छैनन्, तर यी पाँचवटा स्वरहरूको समन्वयबाट हामीले सुन्न सक्ने भन्दा धेरै धुनहरू उत्पादन हुन्छन्।

8. संसारमा पाँच आधारभूत रङ्गहरू (नीलो, पहेँलो, रातो, सेतो र कालो) भन्दा बढी केहि छैन। तर तिनीहरूको समन्वयले हामीले देख्न सक्ने भन्दा धेरै रङ्गहरू उत्पादन गर्दछ।

9. संसारमा पाँच भन्दा बढी आधारभूत स्वादहरू छैनन् (अमिलो, पिरो, नुनिलो, मीठो र तितो)। तर, तिनीहरूको संयोजनले हामीले कहिल्यै स्वाद गर्न सक्ने भन्दा बढी स्वादहरू उत्पादन गर्दछ।

10. कुनै पनि युद्धमा आक्रमण गर्ने दुईवटा मात्र तरिका हुन्छन्- प्रत्यक्ष र अप्रत्यक्ष तरिका। तर, उनीहरूको समन्वयमा, अनगिन्ती र अनन्त रणनीतिहरू बनाइन्छ।

11. विधि प्रत्यक्ष होस् वा अप्रत्यक्ष, दुवै एकअर्काका पूरक हुन् र एकअर्कालाई नेतृत्व गर्छन्। यो गोलाकार बाटोमा हिँड्नु जस्तै हो। यो कहिल्यै समाप्त हुँदैन। तिनीहरूको तालमेलको सम्भावना कसले नष्ट गर्न सक्छ?

12. कुनै पनि राज्यमा सैनिकहरूको आक्रमण नदीमा आएको बाढीजस्तै हो, जसले ढुङ्गाहरू पनि आफैं बगाएर लैजान्छ।

13. युद्धको समयमा सबैभन्दा राम्रो निर्णय भनेको चीलले सही समयमा आफ्नो

शिकारमा मार हानेको जस्तै हो, जसको कारणले उसले सही समयमा आफ्नो शिकारलाई आक्रमण गर्छ र एक क्षणमा नष्ट गर्दछ।

(अप्ठ्यारो चिनियाँ शब्दहरू यहाँ प्रयोग गरिएको छ। एक निश्चित कुञ्जी जुन सन्दर्भमा यो प्रयोग गरिन्छ अनुवादकको उत्कृष्ट प्रयासलाई अस्वीकार गर्दछ। तु-मूले शब्दलाई 'दूरीको मापन वा अनुमान' भनेर परिभाषित गर्छ। तर, यो अर्थ सबै उदाहरणहरूमा ठ्याक्कै मिल्दैन। 15 बाजमा यो परिभाषा लागू गर्दा, मलाई लाग्छ कि यसले आत्म-नियन्त्रणको मनोवृत्तिलाई प्रतिबिम्बित गर्दछ जसले चरालाई सही क्षणसम्म आफ्नो शिकारमा हान्नबाट रोक्छ। यतिमात्र होइन, यसले सही समयमा शिकारसँग के गर्ने भन्ने बुझाइलाई पनि विकास गर्छ। सैनिकको मनोबल कायम राख्नु पनि अति आवश्यक छ। यदि यो भावना सुरक्षित भयो भने, यो युद्धको मैदानमा सबैभन्दा प्रभावकारी हुनेछ। ट्राफलगरमा जित नजिकै देखिन थालेपछि अन्तिम समयमा स्थिति फेरियो। बन्दुक चलाउनु अघि उनी धेरै मिनेटको लागि आँधीको सम्पर्कमा रहे, र आँधीबेहरी थाम्मिएपछि सबै कुरा परिवर्तन भइसकेको थियो। शत्रु नजिकको दायरा भित्र नभएसम्म नेल्सन शान्तपूर्वक पर्खिरहेका थिए। समय अनुकूल हुने बित्तिकै, उसले नजिकको शत्रु जहाजहरूमा विनाश ल्यायो।)

14. यसैले एक असल योद्धाले छिटो निर्णय लिन्छ र सही समयमा पूर्ण शक्तिका साथ जवाफी आक्रमण गर्दछ।

('जजमेन्ट' शब्दले माथि वर्णन गरिएको दूरीको मापनलाई जनाउँछ, जसले तपाईंलाई आक्रमण गर्न शत्रुलाई तपाईंको नजिक आउन अनुमति दिन्छ, र जब मौका आउँछ, तपाईं आफ्नो शत्रुलाई ऊर्जा बर्बाद नगरी आक्रमण गर्न सक्नुहुन्छ। तर, यो शब्दलाई लाक्षणिक अर्थमा प्रयोग गर्न खोज्ने सुन-जू मैले बुझ्न सकिन। उनले यसलाई 'सानो र छिटो'को सन्दर्भमा व्याख्या गरे। वाङ-ह्सीको टिप्पणी, जुन चीलको आक्रमणको तरिकाको वर्णन गरेपछि जारी छ, युद्धको समयमा 'नाजुक क्षणहरूमा' धैर्यता सिकाउँछ।)

15. ऊर्जा भनेको धनुको तार तन्काए जस्तै हो र निर्णय भनेको धनुमा राखिएको तीर छोइनु जस्तै हो।

(कुनै पनि टिप्पणीकारले ती झुकाएको धनुमा भण्डारण गरिएको बलको ऊर्जालाई तीर ननिस्किएसम्म बुझ्दैन।)

16. युद्धको कोलाहल र कोलाहलमा, अराजकता देखा पर्न सक्छ, तर वास्तविकतामा अराजकता हुँदैन। दुविधा र अराजकताको बिचमा, तपाईंको सोचको कुनै अर्थ नहुन सक्छ, तर यो हारबाट सुरक्षित छ।

(मेई याओ-चेन भन्छन्: सेनाको विभाजन अग्रिम निर्णय गरिएको थियो र युद्धको समयमा विभिन्न संकेतहरू पनि सहमत थिए। युद्धको समयमा सिपाहीहरू विभाजित हुनेछन् र युद्धमा संलग्न हुनेछन्। त्यहाँ सेनाको तितरबितर र परिचालन हुनेछ। यसलाई कसैले नकार्न सक्दैन। मेई याओ-चेन भन्छन् कि जसरी टाउको बिना मानिसको कल्पना गर्न सकिंदैन, पुच्छर बिना जनावरको कल्पना गर्न सकिंदैन, त्यसरी नै मानिसको मनमा शक्ति भन्दा माथि कोही छैन कुनै प्रश्न छैन।)

17. अराजकता नियन्त्रण गर्न, आदर्श अनुशासनको आवश्यक छ। डराएको नाटक गर्न साहस चाहिन्छ। कमजोरी देखाउन बल चाहिन्छ।

(अनुवादलाई सुगम बनाउनको लागि मूल पाठका तीव्र विरोधाभासी भनाइहरूलाई लाघव गर्नु आवश्यक छ। त्साओ-कुङ्ले आफ्नो संक्षिप्त टिप्पणीमा यस अर्थलाई संकेत गर्दछन्: यी सबै चीजहरूले व्यक्तिको अवस्था लुकाउन र नष्ट गर्न काम गर्दछन्। तर, तु-मूले स्पष्ट रूपमा भनेका छन्: यदि तपाईं शत्रुलाई लोभ्याउन भ्रम सिर्जना गर्न चाहनुहुन्छ भने, तपाईं पहिले पूर्ण रूपमा अनुशासित हुनुपर्छ; शत्रुलाई फसाउन कायरता देखाउन चाहनुहुन्छ भने अपार साहस हुनुपर्छ; यदि तपाईं शत्रुलाई अति आत्मविश्वासी बनाउन आफ्नो कमजोरी देखाउन चाहनुहुन्छ भने, तपाईंसँग चरम शक्ति हुनुपर्छ।)

18. अराजकताको पछाडि व्यवस्थित क्रम लुकाउन नाटक चाहिन्छ। डरको नाटकको पछाडि साहसलाई लुकाउनको लागि शिथिल ऊर्जाको भण्डार चाहिन्छ; कमजोरीको नाटक लुकाउन बल चाहिन्छ। यी सबै काम सामरिक मानसिकता मार्फत् गरिन्छ।

(टिप्पणीकर्ताहरूले यस अध्यायमा अन्य ठाउँको तुलनामा चिनियाँ सर्तहरूलाई बढी दृढतापूर्वक व्यवहार गर्छन्। यसरी, तु-मू भन्छन्:

हामी अनुकूल परिस्थितिमा छौँ र अझै पनि कुनै कदम चाल्दैनौँ, शत्रुले विश्वास गर्नेछ कि हामी साँच्चै डराउँछौँ।)

(चांग-यूलाई पहिलो हान सम्राट काओ-त्सूका बारेमा एउटा किस्सा बताउँछ। उनले ह्सिउंग-नूलाई आक्रमण गर्न चाहन्थे र दुश्मनको स्थिति पत्ता लगाउन आफ्ना जासूसहरू पठाए। यद्यपि, ह्सिउंग-नूलाई पहिले नै आक्रमणको चेतावनी दिइएको थियो, त्यसैले उनले सावधानीपूर्वक आफ्ना सबै बलियो सिपाहीहरू र स्वस्थ घोडाहरू लुकाए र आफ्ना कमजोर सिपाहीहरू र कमजोर घोडाहरू मात्र उजागर गरे। नतिजा स्वरूप सबै जासूसहरूले सम्राट काओ-त्सूलाई आक्रमण गर्ने सल्लाह दिए। केवल लाउ-चिङ्ले यो सल्लाहको विरोध गर्दै भने कि जब दुई देश युद्धमा जान्छन्, तिनीहरूमा आफ्नो शक्ति खुला रूपमा प्रदर्शन गर्ने स्वाभाविक इच्छा हुन्छ। तर, हाम्रा जासुसहरूले पुराना सिपाही र कमजोर घोडाहरू मात्र देखे। यसमा शत्रुको चाल अवश्य देख्न सकिन्छ, त्यसैले आक्रमण गर्नु बुद्धिमानी हुँदैन। तर, सम्राटले यो सल्लाहलाई बेवास्ता गरे, जालमा फसे र पो-टेंगमा शत्रु सेनाहरूले घेरे।)

19. यसरी शत्रुलाई वशमा राख्ने सीप छ, उसले छलपूर्ण बहाना बनाएर शत्रुलाई आफ्नो मनपर्ने काम गराउँछ। शत्रुलाई प्रलोभन दिन, उसले दानाको रूपमा केहि राख्छ जसमा दुश्मनले हान्न सक्छ।

(त्साओ-कुङ कमजोरी र इच्छा देखाउने बारे कुरा गर्छन्)

(तु-मू भन्छन्, शत्रुभन्दा हाम्रो बल बढी भएमा उसलाई प्रलोभनमा पार्न कमजोरी देखाउन सक्छौँ, तर बल कम भएमा उसलाई हामी शक्तिशाली छौँ भन्ने विश्वास दिलाउन सकिन्छ, जसले गर्दा शत्रु हामीबाट टाढियोस्। वास्तवमा, शत्रुका सबै निर्णयहरू हामीले उसलाई दिन छनौट गर्ने संकेतहरूमा आधारित हुनुपर्छ। सुन-वूका वंशज सुन-पिनको निम्न कथालाई ध्यान दिनुहोस्: 341 ईसा पूर्वमा ची राज्य वाइसँग युद्धमा थियो र सेनापति पैङ-चुआनको विरुद्धमा ताएन-ची र सुन-पिनलाई पठाए। सुन-पिनले भने कि ची राज्यको प्रतिष्ठा काँतरको छ, त्यसैले दुश्मनले हामीलाई तिरस्कार गर्दछन्। यो अवस्थाको सदुपयोग गरौँ। त्यसपछि सेना सीमा नाघेर वाई क्षेत्रमा पुगेपछि पहिलो रात 1 लाख, भोलिपल्ट 50 हजार र भोलिपल्ट मात्र 20 हजार ठाउँमा

आगो ज्वलाउने आदेश दिए। पैंग-चुआनले आफूलाई सोचेका थिए कि चीका सिपाहीहरू काँतर थिए, तिनीहरूको संख्या तीन दिनमा एक चौथाईमा घट्यो। फर्कने क्रममा, सुन-पिन एक साँघुरो पासमा पुगे र अँध्यारो पछि पछ्याउने सेना त्यहाँ पुग्ने अनुमान गरे। त्यहाँ उसले एउटा रुखको बोक्रा फुकाल्यो र त्यसमा यी शब्दहरू लेख्यो, पैंग-चुआन यो रूखमुनि मर्नेछन्। त्यसपछि जब रात पर्न थाल्यो, उनले धनुर्धारीहरूलाई नजिकै राख्ये र उज्यालो देखिने बित्तिकै फायर गर्न आदेश दिए। पछि जब पैंग-चुआन ठाउँमा आए, उनले रूखमा केही शब्दहरू लेखिएका देखे। उसले के लेखिएको थियो पढ्न बत्ती बाल्यो। तुरुन्तै उसलाई तीरले छेडियो र उनको सम्पूर्ण सेना तितरबितर भयो।

20.	चारा र प्रलोभन देखाएर, उसले शत्रुलाई चलाइराख्छ, त्यसपछि उसले चुनेको सिपाहीसँग शत्रुलाई पर्खन्छ।

(ली-चिङले सुझाव दिएको परिमार्जनको साथ, उसले आफ्ना प्रमुख सेनाहरूसँग शत्रुलाई पर्खिरहेको बेला पढ्छन्।)

21.	युद्धमा, एक चतुर योद्धाले संयुक्त बलको प्रभाव देख्छ, त्यसैले उसलाई धेरै सिपाहीहरू चाहिँदैन। त्यसकारण उनी सही व्यक्ति छान्न र संयुक्त ऊर्जा प्रयोग गर्न माहिर छन्।

(तु-मू भन्छन्: सबैभन्दा पहिले उसले आफ्नो सेनाको संयुक्त शक्तिलाई तौल्छ। त्यसपछि उसले व्यक्तिगत क्षमताहरू विचार गर्दछ र प्रत्येक व्यक्तिको क्षमता अनुसार तिनीहरूलाई प्रयोग गर्दछ। उनले अयोग्य व्यक्तिहरूबाट पूर्णताको माग गर्दैन।)

22.	जब उसले संयुक्त ऊर्जा प्रयोग गर्दछ, उसको लडाकुहरू रोलिङ ब्लक वा ढुङ्गाहरू जस्तै हुन्छन्। किनकी लग वा ढुङ्गाको प्रकृति नै हो कि तिनीहरू समतल जमिनमा स्थिर रहन्छन् र ढलानमा घुम्छन्। यदि तिनीहरूको चार कुना छन् भने, तिनीहरू स्थिर हुन्छन्, तर यदि तिनीहरू आकारमा गोलाकार छन् भने, तिनीहरू गुडुल्किरहन्छन्।

(यसलाई प्राकृतिक वा अन्तर्निहित शक्तिको प्रयोग भनिन्छ।)

23.	यसरी, दक्ष सिपाहीहरूले विकास गरेको ऊर्जा हजार फिट अग्लो पहाडबाट गुडुल्किएको ढुङ्गाजस्तै गतिशील हुन्छ। त्यो सबै ऊर्जाको बारेमा हो।

(तु-मूको विचारमा यस अध्यायको मुख्य पाठ द्रुत विकास र अचानकको भागमभागमा सन्दर्भमा युद्धलाई सर्वोपरि महत्त्व दिनु हो। यसबाट मात्रै उत्कृष्ट नतिजा हासिल गर्न सकिने उनीहरुको भनाइ छ। यसरी, विजय साना शक्तिहरुसँग प्राप्त गर्न सकिन्छ।)

VI

कमजोर र बलियो पक्षहरू

(चांग-यूले अध्यायहरूको क्रमलाई यसरी व्याख्या गर्ने प्रयास गरेको छ: अध्याय IV ले सामरिक स्वभाव, आक्रामक र रक्षात्मक व्यवहारबारे छलफल गरेको छ; अध्याय V, ऊर्जामा, प्रत्यक्ष र अप्रत्यक्ष माध्यमबाट शत्रुहरूसँग व्यवहार गर्ने सम्बन्धमा। तिनीहरू भन्छन् कि एउटा राम्रो सेनापति पहिले आक्रमण र रक्षाको सिद्धान्तसँग परिचित हुन्छ, र त्यसपछि उसको ध्यान प्रत्यक्ष र अप्रत्यक्ष युद्ध विधिहरूमा फर्काउँछ। कमजोर र बलियो बिन्दुको बिषयमा जानु भन्दा पहिले उहाँले यी दुई विधिहरू अलग गर्ने र संयोजन गर्ने कलाको अध्ययन गर्नुहुन्छ। किनकी प्रत्यक्ष वा अप्रत्यक्ष तरिका कसरी अपनाउने हो त्यो आक्रमण र रक्षापछि प्रष्ट हुन्छ। कमजोर र बलियो बिन्दुहरूको धारणा फेरि माथिको विधिहरूमा निर्भर गर्दछ। त्यसैले वर्तमान अध्याय उर्जाको अध्याय पछि तुरुन्तै आउँछ।)

1. सुन-जू भन्छन्: जो पहिले युद्धभूमिमा पुग्छ र शत्रुको आगमनको लागि पर्खन्छ युद्धको लागि ताजा हुनेछ। जो कोही पछि मैदानमा पुगेर युद्धमा हतारिन्छ ऊ थकित हुन्छ र त्यही अवस्थामा युद्ध लड्नुपर्छ।

2. त्यसैले, एक चतुर योद्धाले आफ्नो इच्छा अनुसार युद्ध सञ्चालन गर्दछ, तर शत्रुलाई आफ्नो इच्छा हुन दिँदैन। अर्थात्, एक महान सिपाहीको चिन्ह यो हो कि ऊ आफ्नै शर्तमा लड्छ वा लड्दैन।

3. शत्रुलाई आफ्नै फाइदाको सट्टा उसको फाइदाको लागि प्रलोभन दिएर, उसलाई स्वेच्छाले अगाडि आउन प्रेरित गर्दछ। वा, हानिको डर देखाएर शत्रुलाई नजिक आउनबाट रोक्छ।

    (पहिलो अवस्थामा, उसले शत्रुलाई प्रलोभन दिएर लोभ्याउछ; दोस्रोमा, उसले केही महत्त्वपूर्ण बिन्दुहरूमा आक्रमण गर्नेछ जुन शत्रुले रक्षा गर्नुपर्नेछ।)

4. यदि शत्रु युद्धको मैदानमा सहज छ भने, उसले उसलाई सताउन सक्छ। यदि शत्रुसँग खानाको राम्रो आपूर्ति छ भने, उसले त्यो आपूर्तिमा बाधा पुर्‍याएर शत्रुलाई भोकाउने प्रयास गर्न सक्छ। यदि ऊ शान्तिपूर्वक शिविरमा छ भने, उसलाई सार्न बाध्य पार्नुहोस्।

5. शत्रुले जोगाउन हतारमा कदम चाल्नु पर्ने ठाउँहरूमा देखा पर्नुहोस्। उसले अपेक्षा नगरेको ठाउँहरूमा तपाईं छिटो पुग्नुहोस्।

6. कुनै पनि शत्रु नभएको खण्डमा सेनाले कुनै समस्या बिना नै लामो दुरी पार गर्न सक्छ।

    (त्साओ-कुङ्ले यसलाई राम्रोसँग व्याख्या गर्छन्: मैदानको शून्यबाट बाहिर आउनुहोस् (जस्तै शत्रुले तपाईंलाई हरेक क्षणमा कुनै न कुनै प्रकारको अप्रत्याशित कदम चाल्ने आशा गरिरहेको थियो), कमजोर बिन्दुहरूमा प्रहार गर्नुहोस्, सुरक्षित स्थानहरूबाट टाढा रहनुहोस्, अप्रत्याशित ठाउँहरूमा आक्रमण गर्नुहोस्।)

7. तपाईं तपाईंको आक्रमणको सफलताका बारेमा पक्का हुन सक्नुहुन्छ, यदि तपाईं केवल ती स्थानहरूलाई आक्रमण गर्नुहुन्छ जुन सुरक्षित छैन। अर्कोतर्फ, यदि तपाईंले आफ्नो स्थानहरू सुरक्षित गर्नुभएको छ भने तिनीहरूमाथि आक्रमण गर्न सकिँदैन भने तपाईं आफ्नो रक्षाको सुदृढतामा विश्वस्त हुन सक्नुहुन्छ।

    वैंग-ह्सीले असुरक्षित स्थानहरू र कमजोर बिन्दुहरू पहिचान गरेका छन् जहाँ सामान्य क्षमताको कमी छ वा सैनिकहरूको मनोबल कम छ, जहाँ पर्खालहरू पर्याप्त बलियो छैनन् वा सावधानीको कमी छैन, जहाँ आवश्यक भन्दा बढी राहत आवश्यक हुन सक्छ ढिलाइ वा स्टोरहरू धेरै कम हुन सक्छ वा गार्डहरू बिच विवाद हुन सक्छ।

तू-म्यू, चेन हाओ र मेई याओ-चान विश्वास गर्छन् कि आफ्नो प्रतिरक्षा बलियो बनाउन, तपाईंले ती ठाउँहरूलाई पनि सुरक्षित गर्नुपर्दछ जुन आक्रमणको सम्भावना छैन। तू-म्यू भन्छन्, अझैं कति बिन्दुमा आक्रमण हुन्छ त्यो पनि ध्यानमा राख्नुपर्छ। यो सोच राखियो भने युद्धमा हरेक किसिमको सन्तुलन कायम गर्न सकिन्छ। यो विचार सधैं एक उच्च विरोधी शैली को रूप मा हेरिएको छ, जो चिनियाँ नीति अनुसार यो स्वाभाविक पनि हो। यसो भन्दै चाङ-यू आफ्नो निष्कर्षको धेरै नजिक पुग्छन्। उनी भन्छन्, जो आक्रमणमा निपुण हुन्छ, उसको कीर्ति संसारमा चम्किन्छ। उसले यसरी आक्रमण गर्छ कि शत्रुलाई उसको विरुद्धमा रक्षा गर्न असम्भव हुन्छ। युद्धमा हमला गर्नु मात्रै महत्वपूर्ण कुरा होइन, आक्रमण र रक्षा गर्नमा निपुण व्यक्ति लुक्नका लागि संसारका सबैभन्दा गोप्य ठाउँहरू खोज्छ। यी ठाउँहरूबाट शत्रुहरूलाई भेट्टाउन असम्भव छ।

8. युद्धमा, त्यो सेनापति मात्र आक्रमण गर्न माहिर हुन्छ जसको विपक्षीलाई कुन ठाउँको रक्षा गर्ने थाहा छैन। र केवल त्यो सेनापति रक्षा गर्न माहिर छ, जसको विपक्षीलाई कहाँ आक्रमण गर्ने थाहा छैन।

    (एक भनाइ जसले युद्धको सम्पूर्ण कलालाई संक्षेप गर्दछ।)

9. हे धूर्त र गोप्यताको ईश्वरीय कला! तपाईं मार्फत हामी अदृश्य हुन सिक्छौं, तपाईं मार्फत हामी आवाजविहीन हुन सिक्छौं; (शाब्दिक रूपमा, भौतिक रूप वा ध्वनि बिना, तर यो निश्चित रूपमा शत्रुको सन्दर्भमा भनिन्छ।) र यसरी हामी आफ्नै हातले दुश्मनको भाग्य निर्णय गर्न सक्छौं।

10. शत्रुको कमजोर बिन्दुहरूमा आक्रमण गर्दा तपाईं युद्धको मैदानमा अपराजित रहनुहुन्छ। यदि तपाईंको चाल शत्रुको भन्दा छिटो र आक्रामक छ भने उसले तपाईंको प्रतिरोध गर्न सक्षम हुनेछैन। लडाइँको समयमा तपाईं सुरक्षित रहनुहुन्छ, किनकि तपाईंको चालले उसलाई तपाईंलाई पछ्याउन अनुमति दिँदैन।

11. यदि तपाईं लड्न चाहनुहुन्छ भने, शत्रु एक अग्लो किल्लाको पर्खाल पछाडि लुकेर वा गहिरो खाडलमा झुन्डिएर पनि लड्न बाध्य हुन सक्छ। यसको लागि तपाईंले अर्को ठाउँमा आक्रमण गर्नु पर्छ, जसले गर्दा ऊ आफ्नो हालको स्थानबाट सार्न बाध्य हुन्छ।

(तु-मू भन्छन्, शत्रु आक्रमण गर्न आएको हो भने उसको सञ्चार प्रणाली नष्ट गछौँ। उसले फर्कने बाटोहरू कब्जामा लिएका छन्। यदि हामी आक्रमण गर्दैछौँ भने, हाम्रो लक्ष्य शत्रु राज्यको शासक हो। यो स्पष्ट छ कि बोअर युद्धको समयमा केही अन्य जनरलहरूले गरेको आक्रमणको विपरीत, सुन-जूलाई आक्रमणहरूमा कुनै भरोसा थिएन।)

12. यदि हामी लड्न चाहँदैनौँ भने, हामी शत्रुलाई लड्नबाट रोक्न सक्छौँ, हाम्रो शिविर अझै तयार नभए पनि। शत्रुलाई रोक्नका लागि हामीले पर्खाल बनाएका छैनौँ, खाल्डो खन्नु हुँदैन। यसका लागि हामीले उसको बाटोमा केही अनौठो कुरा फ्याँक्नुपर्छ, जसले गर्दा उ चकित हुनपुगोस्।

(यो धेरै छोटो अभिव्यक्तिलाई चिया-लिनद्वारा बौद्धिक रूपमा व्याख्या गरिएको छ: यद्यपि हामीले न त पर्खाल बनाएका छौँ न त खाडल नै। ली-चुआन भन्छन्: हामी दुश्मनलाई अनौठो र असामान्य तरिकामा भ्रमित गर्न सक्छौँ। अन्तमा तू-मूले तीनवटा उदाहरणहरूद्वारा स्पष्ट पार्छन्। यी मध्ये पहिलो हो चु-को लिआङ, एकातिर ऊ याङ-पिङलाई कब्जा गर्ने तयारीमा थिए, अर्कोतिर सू-मा पनि आक्रमण गर्ने तयारी गर्दै थिए। अकस्मात् चूको लिआङ्ले आफ्नो रणनीति परिवर्तन गरे, युद्धका ड्रमहरू बन्द गरे, सहरका ढोकाहरू खोलिदिए, र शत्रुहरूलाई विचलित पार्न केही मानिसहरूलाई सफा गर्ने र पानी छर्कने काममा लगाइदिए। यो अप्रत्याशित कार्यले अपेक्षित प्रभाव पारेको थियो। सु-माले आफूमाथि आक्रमण भइरहेको महसुस गरे र आफ्नो सेना फिर्ता गरी मैदान छाडे। यो सही समयमा रणनीतिको सही प्रयोग हो।)

13. शत्रुको मनोवृत्तिको पत्ता लगाउने र हाम्रो चालहरू गोप्य राख्नुको फाइदा यो हो कि हामी आफ्नै बलमा ध्यान केन्द्रित गर्न सक्छौँ। यसले शत्रुको ध्यान हटाउँछ र उसको सेनालाई विभाजित गर्नेछ।

(अर्थात्, यदि हामी शत्रुको मनसाय बारे सचेत छौँ भने, हामी एकजुट भएर त्यस क्षेत्रमा हाम्रो प्रयास केन्द्रित गर्न सक्छौँ। हामीले आफ्नो नियत गोप्य राखेकाले शत्रुलाई थाहा हुँदैन कि हामी कहाँ आक्रमण गर्न गइरहेका छौँ। यसका कारण उसले आफ्नो सेनालाई विभाजन गरेर धेरै मोर्चाहरूमा रक्षा गर्न पठाउनु पर्नेछ।)

14. हाम्रा सेनाहरू युद्धको मैदानमा शत्रु विरुद्ध एकजुट हुनुपर्छ। हाम्रो प्रयास

दुश्मन सेनालाई धेरै टुक्रामा विभाजन गर्ने हुनुपर्छ। यसरी हाम्रो सम्पूर्ण सेना उहाँको विभाजित सेनासँग लड्नेछ। अर्थात् युद्धमा हाम्रा सैनिकको संख्या शत्रुभन्दा बढी हुनेछ र शत्रुलाई सजिलै जित्न सक्नेछौं।

15. यदि हामी हाम्रो श्रेष्ठ र ठुलो सेनासँग युद्धमा प्रवेश गर्यौं र कम संख्यामा शत्रु सेनालाई आक्रमण गर्यौं भने, हाम्रा विरोधीहरूको अवस्था बिग्रन्छ।

16. हामीले लड्न चाहेको ठाउँको बारेमा कसैलाई पनि पहिल्यै थाहा हुनुहुँदैन। यसबाट शत्रुले विभिन्न ठाउँमा सम्भावित आक्रमणको विरुद्ध तयारी गर्न थाल्छ र यसरी उसको सेनालाई धेरै दिशामा बाँडिन्छ यसको फाइदा यो हुनेछ कि हामीले चाहेको ठाउँमा कम सिपाहीसहित सेनाको सामना गर्नुपर्नेछ।

(शेरिडनले एक पटक भनेका थिए कि जनरल ग्रान्टको विजयको कारण यो थियो कि, जब उनका विरोधीहरू पूर्ण रूपमा कार्यरत थिए, उहाँ प्रायः के गर्न जाँदै हुनुहुन्छ भन्ने बारे सोच्दै थिए।)

17. जताततै सेना पठाएर शत्रुले आफ्नो प्रतिद्वन्द्वीलाई घेर्न सक्दैन। यदि शत्रुले आफ्नो सेनाको मोर्चा अगाडि बलियो बनायो भने, उसले आफ्नो पछाडि कमजोर पार्छ। यदि उसले आफ्नो पछाडि बलियो बनायो भने, उसले आफ्नो अगाडि कमजोर बनाउँछ। यदि उसले आफ्नो देब्रे पक्षलाई बलियो बनायो भने, उसले आफ्नो दाहिने पक्षलाई कमजोर पार्छ। यदि उसले आफ्नो दाहिने पक्षलाई बलियो बनायो भने, उसले आफ्नो देब्रेलाई कमजोर पार्छ। यसको मतलब उसले जताततै सेना पठायो भने उसले आफूलाई जताततै कमजोर बनाउँछ।

(युद्धको क्रममा महान फ्रेडरिकले आफ्ना सेनापतिहरूलाई दिएको निर्देशनमा, हामी पढ्छौं: जब सेना धेरै टुक्रामा विभाजित हुन्छ, तब हामीले रक्षात्मक युद्धको लागि तयारी गर्नुपर्छ, यो युद्धमा धोका खानलाई पर्याप्त हुन्छ। थोरै अनुभव भएका सेनापतिहरूले हरेक मोर्चाको रक्षा गर्ने प्रयास गर्छन्। जबकि आफ्नो पेशा र क्षमतासँग राम्रोसँग परिचित व्यक्तिहरूले आफ्नो मुख्य उद्देश्यलाई मात्र ध्यानमा राख्छन्। तिनीहरूले सबै तरिकाले रणनीतिक रूपमा महत्त्वपूर्ण र निर्णायक मोर्चाहरूको रक्षा गर्छन् र ठुलो हानिबाट बच्न साना कठिनाइहरू स्वीकार गर्छन्।)

18. सम्भावित आक्रमणहरू विरुद्ध तयारी गर्दा सेनाको क्षमता कम हुन्छ र संख्यात्मक कमजोरी हुन्छ। संख्यात्मक बल तब आउँछ जब हामी हाम्रा विरोधीहरूलाई धेरै मोर्चाहरूमा हाम्रो विरुद्ध तयार हुन बाध्य पार्छौं।

(कर्नल हेन्डरसनको शब्दमा, सर्वोच्च सेनापति भनेको त्यो हो जसले शत्रुलाई आफ्नो सेनालाई तितरबितर पार्न बाध्य पार्छ र त्यसपछि आफ्नो सर्वोच्च शक्तिलाई शत्रुको पछाडि केन्द्रित गर्दछ।)

19. यदि हामीलाई भविष्यको युद्धको समय र स्थान थाहा छ भने, हामी धेरै टाढाबाट सेनालाई एकताबद्ध गर्न सक्छौं र सैनिकहरूलाई लड्न तयार गर्न सक्छौं।

(शत्रु सेनाको अवस्था बुझेर रणनीति बनाउनमा सुन-जू निपुण थिए। समय, परिस्थिति र रणनीति अनुसार सेनाको कुशल योजनामा बनाउनमा उनको कसैसँग तुलना हुने थिएन। कुनै पनि सेनापतिको यो गुणले उसलाई लामो र द्रुत मार्च गर्न सक्षम बनाउँछ। तपाईंको सेनालाई एकाइहरूमा विभाजन गर्न सक्षम बनाउँछ। र पछि सही ठाउँ र सही समयमा शत्रुलाई पूर्ण शक्तिका साथ आक्रमण गर्न सक्षम बनाउँछ। सैन्य इतिहासमा रेकर्ड गरिएका यस्ता धेरै सफल संलग्नताहरू मध्ये, वाटरलूको युद्धको समयमा महत्वपूर्ण क्षणमा ब्लुचरको आश्चर्यजनक उपस्थितिलाई सबैभन्दा नाटकीय र निर्णायक मानिन्छ। सुन-जू भनेको सेनालाई धेरै टुक्राहरूमा विभाजन गर्नु हो, जुन निश्चित समयमा एक निश्चित स्थानमा भेट्नुपर्छ, ताकि शत्रुका जासूसहरूलाई यसको सम्पूर्ण शक्ति थाहा नहोस् र यसको संयुक्त शक्तिको अनुमान गर्न सकोस्।)

20. तर, समय र स्थान थाहा नभएको खण्डमा बायाँ पक्षले साथमा हुँदा पनि दाहिने पक्षलाई सहयोग गर्न सक्दैन। दाहिने पक्षले देब्रे पक्षलाई मद्दत गर्न सक्दैन। अगाडिको भागले पछाडिको भागलाई मद्दत गर्न सक्दैन र पछाडिको भागले अगाडिको भागलाई मद्दत गर्न सक्दैन। सेनाको दुई छेउ सय माइल टाढा भए र नजिकको छेउ पनि धेरै माइल टाढा भएमा यो अझै धेरै हुनेछ।

(यस अन्तिम वाक्यको चिनियाँ संस्करणमा अलिकति शुद्धताको कमी छ। तर, हामीले कोर्नु पर्ने तस्बिर सायद छुट्टाछुट्टै समूहहरूमा

सर्ने सेनाको हो, प्रत्येकलाई निश्चित मितिमा अगाडि बढ्ने आदेश दिइएको छ। यदि सेनापतिले सेनालाई भेट्ने समय र स्थानको सटीक निर्देशन बिना विभिन्न टुकडीहरूलाई जथाभावी अगाडि बढ्न अनुमति दिन्छ भने, तपाईंले आफ्नो सेनालाई शत्रुलाई समर्पण गर्नुहुन्छ। यसबाट उसले तपाईंको सेनालाई सजिलैसँग नष्ट गर्न सक्षम हुनेछ। चाङ-यूको टिप्पणी यहाँ उद्धृत गर्न लायक हुन सक्छ: यदि हामीलाई विरोधीहरूले ध्यान केन्द्रित गर्ने ठाउँका बारेमा थाहा छैन वा उनीहरूले युद्धमा भाग लिने दिनको लागि कुनै योजना छैन भने, हाम्रो एकताले पनि हामीलाई र हाम्रो रक्षा गर्न सक्षम हुनेछैन र हाम्रो तयारी स्वतः समाप्त हुनेछ र हाम्रा योजनाहरू हाम्रा लागि असुरक्षित हुनेछन्। शत्रु जतिसुकै शक्तिशाली किन नहोस्, अचानक आक्रमणले उसलाई आतंकित अवस्थामा फ्याँकिदिनेछ र कतैबाट जति नै सहयोग आए पनि पुनः प्राप्ति सम्भव हुँदैन। विशेष गरी, जब सेना एकाइ र युद्ध मैदान बिच ठुलो दूरी छ।)

21. मेरो अनुसार यूहका सिपाहीहरू हाम्रा सिपाहीहरू भन्दा धेरै संख्यामा भए पनि, यसले उनीहरूलाई कुनै फाइदा गर्दैन। म भन्छु यस्तो अवस्थामा पनि शत्रुमाथि विजय हासिल गर्न सकिन्छ।

(काश, यी साहसी शब्दहरूका साथ दुई राज्यहरू बिचको लामो समयदेखि चलिरहेको विवाद 473 ईसा पूर्वमा कोउ-चिनद्वारा यूको पराजयसँगै समाप्त भयो। जहाँ यो युद्धमा कोउ चिएनसँगै यूह पनि संलग्न थिए। सुन-जूको मृत्युको लामो समयपछि पनि यसबारे कसैलाई शंका थिएन। उनको वर्तमान कथनसँग IV को तुलना गर्नुहोस्। यो विसंगतिलाई औँल्याउने व्यक्ति चाङ-यू मात्र हुन्। उहाँले यसलाई यसरी व्याख्या गर्नुहुन्छ: यो सामरिक प्रवृत्तिको अध्यायमा भनिएको छ, जो कोहीले पनि त्यसो गर्न सक्षम नभई कसरी कुनै कुरालाई जिते भनेर जान्न सक्छ। जहाँ हामीसँग 'विजय' प्राप्त हुन्छ भन्ने भनाइ छ।

स्पष्टीकरण यो हो कि पहिलेका अध्यायहरूमा, जहाँ आक्रामक र रक्षात्मक दुवैको बारेमा छलफल छ। भनिन्छ, यदि शत्रु पूर्णतया तयारीमा छ भने उसको पराजय सुनिश्चित हुन सक्दैन। तर, वर्तमान उद्धरणले विशेष गरी यूहको सेनालाई जनाउँछ, जसले सुन-जूको गणना अनुसार सेनाहरूलाई आसन्न द्वन्द्वमा समय र स्थानको

अनभिज्ञतामा राख्छ। त्यसैले उहाँ यहाँ विजय हासिल गर्न सकिन्छ भनेर जान्न महत्त्वपूर्ण छ भन्नुहुन्छ।)

22. शत्रु संख्यात्मक रूपमा धेरै शक्तिशाली भए पनि, हामी उसलाई लड्नबाट रोक्न सक्छौं। रणनीति यस्तो हुनुपर्छ कि हामीलाई उसको योजना र तिनीहरूको सफलताको सम्भावनाबारे थाहा लागोस्।

(चिया-लिनद्वारा प्रस्तावित वैकल्पिक कथन भनेको तपाईंको सफलता र शत्रुको असफलताको लागि अनुकूल सबै योजना र परिस्थितिहरू पहिले नै जान्नुहोस्।)

23. शत्रुलाई उक्साउनुहोस् र उसको गतिविधि वा निष्क्रियता र उसको सोचको कारणहरू पत्ता लगाउनुहोस्। उसलाई आफ्नो योजनाहरू प्रकट गर्न बाध्य पार्नुहोस्, ताकि उसको कमजोर लिङ्क पत्ता लगाउन सकिन्छ।

(चांग-यूले हामीलाई बताउँछन् कि शत्रुले उत्तेजित हुँदा न त आनन्द र क्रोध प्रदर्शन गरेको देखेर, हामी उनको नीति राम्रो हो वा ठीक विपरीत हो भन्ने निष्कर्षमा पुग्न सक्षम छौं। उनले चो-कू लिआङको कार्यको उदाहरण दिन्छन्। विलम्ब र अप्रत्यक्ष नीतिको सट्टा प्रत्यक्ष युद्धमा उत्प्रेरित गर्न शत्रुको रणनीति पत्ता लगाउन उनले सू-मा प्रथमलाई एक महिलाको शिर-पोशाकको अपमानजनक उपहार पठाए।)

24. विपक्षी सेनालाई आफ्नो सेनासँग सावधानीपूर्वक तुलना गर्नुहोस्, ताकि तपाईंलाई थाहा छ कि कहाँ बल बढाउन आवश्यक छ, र कहाँ बल घटाउनुपर्छ।

25. सामरिक स्वभाव सिर्जना गर्दा उत्तम नीति तिनीहरूलाई लुकाउनु हो। यदि तपाईंले आफ्नो स्वभाव लुकाउनुभयो भने, तपाईं आफूलाई स-साना जासुसहरूको नजरबाट बचाउन सक्षम हुनुहुनेछ। उत्तम रणनीतिहरू बनाउनेहरूको चालबाट तपाई सुरक्षित हुनुहुनेछ।

(कथनहरूमा भएका साँचो विरोधाभासहरू अनुवादमा हराएका छन्। जासुसहरूबाट आफूलाई लुकाउनु सायद साँचो अहृश्यता होइन। वास्तवमा, यसको मतलब तपाईंको दिमागमा बन्ने योजनाहरूको बारेमा कुनै प्रकारको संकेत दिनु हुँदैन। तु-मू भन्छन्: शत्रुसँग चतुर र सक्षम अधिकारीहरू भए तापनि तिनीहरूले हाम्रो विरुद्धमा कुनै योजना बनाउन सक्ने छैनन्।)

26. धेरै जसो मानिसहरूले उसको चालबाट मात्र दुश्मनलाई कसरी परास्त गर्ने भनेर बुझ्दैनन्।

27. मैले जित प्रयोग गर्ने चालहरू सबैले देख्न सक्छन्। तर, मेरो रणनीति कसैले देखेन। यो मेरो जितको आधार हो।

    (अर्थात, सतही रूपमा सबैले देख्न सक्छन् कि युद्ध कसरी जितिन्छ। तिनीहरूले देख्न नसक्ने योजनाहरू र व्यवस्थाहरूको लामो शृङ्खला हो जुन युद्ध अघि थियो।)

28. तपाईंले एक पटक जितेको चालहरू कहिल्यै नदोहोर्‍याउनुहोस्। बरु, विभिन्न परिस्थितिहरूमा विभिन्न रणनीतिहरू प्रयास गर्नुहोस्, ताकि शत्रुले कुनै पनि परिस्थितिमा तपाईंको रणनीतिहरू भविष्यवाणी गर्न सक्दैन।

    (वैं-सी भन्छन्, 'विजयको एउटा मात्र आधारभूत सिद्धान्त छ, तर त्यसको लागि नेतृत्व गर्ने रणनीतिहरूको संख्या असीमित छ।' कर्नल हेन्डरसन भन्छन्, यसको विपरीत, रणनीतिका नियमहरू केही सरल छन्। तिनीहरू केवल एक हप्तामा सिक्न सकिन्छ। यसका लागि चर्चित तस्विर वा एक दर्जन रेखाचित्रको मद्दत लिन सकिन्छ। तर, यस्तो ज्ञानले नेपोलियन जस्तो सेनाको नेतृत्व गर्न सिकाउन सक्दैन, व्याकरणको ज्ञानले गिब्बन जस्तै लेख्न सिकाउन सक्छ।

29. युद्धको समयमा सैन्य चालहरू पानी जस्तै हुन्छन्, किनभने यसको प्राकृतिक प्रवाहमा पानी उच्च स्थानहरूबाट टाढा जान्छ र छिटो तलतिर आउँछ।

30. त्यसैले युद्धमा शत्रुले आफ्नो सारा बल प्रयोग गरेको मोर्चबाट टाढा रहनुहोस्। कमजोरी भएको ठाउँमा आक्रमण गर्ने।

    (दुरुस्तै पानी जस्तै, जुन कम प्रतिरोध भएको ठाउँमा बग्छ।)

31. पानी जहाँ बग्छ त्यही अनुसार आफ्नो आकार लिन्छ। त्यसैगरी, सिपाहीहरूले पनि आफ्ना योजना र रणनीतिहरू आफ्ना शत्रुसँग मिलाउँछन्।

32. जसरी पानीको कुनै स्थायी आकार हुँदैन, त्यसैगरी युद्ध कलामा पनि स्थायी अवस्था हुँदैन।

33. जसले आफ्नो प्रतिद्वन्द्वीहरूको रणनीतिलाई हेरफेर गर्न सक्छ र जित सफल हुन्छ उसलाई स्वर्गीय सेनापति मानिन्छ।

34. पाँच तत्वहरू (पानी, अग्नि, काठ, धातु, पृथ्वी) सधैँ समान महत्त्वको हुँदैनन्। चार ऋतुहरू एकअर्काको लागि बाटो बनाउन पालैपालो हुन्छन्। दिनहरू लामो र छोटो छन्। चन्द्रमाको क्षीण हुने र बढ्ने अवधिहरू छन्। त्यसैगरी युद्धमा पनि फरक–फरक समयमा फरक–फरक नीति र रणनीति अपनाउनुपर्छ।

(अर्थात्, वाङ ह्सीले भनेझैँ: तिनीहरू पालैपालो विजयी हुन्छन्। वास्तवमा, यो एक अपरिवर्तनीय घटना होइन। प्रकृतिमा निरन्तर परिवर्तनहरू युद्धमा स्थिरताको कमीलाई व्याख्या गर्न एक तरिकामा जान्छन्। यद्यपि, यो तुलना सही छैन, किनकि सुन–जु द्वारा वर्णन गरिएका घटनाहरूको नियमितता कुनै पनि हिसाबले युद्धमा जस्तै छैन।)

VII

लडाईँका चालहरू

1. सुन-जू भन्छन्, युद्धमा सेनापतिले राजाबाट निर्देशन पाउँछन्।

2. सेना जम्मा गरेर आफ्नो सेना केन्द्रित गरेपछि, उसले आफ्नो शिविर स्थापना गर्दछ। शिविर स्थापना गर्नु अघि, उसको पहिलो कर्तव्य सेनाहरूलाई एकताबद्ध गर्ने र उनीहरू बिच सद्भाव स्थापित गर्नु हो।

(चांग-यू भन्छन्: युद्धको मैदानमा प्रवेश गर्नु अघि सेनाको उच्च र तल्लो तहका बिच सद्भाव र विश्वासको स्थापना; (यहाँ उनले वू-जूको भनाइ उद्धृत गरेका छन्: राज्यमा सद्भाव बिना कुनै सैन्य अभियान चलाउन सकिँदैन; सेनामा सद्भाव बिना कुनै सैन्य अभियान चलाउन सकिँदैन। एक ऐतिहासिक उद्धरणमा सुन्नुहोस् सु-जूलाई वूलाई भनेको रूपमा चित्रण गरिएको छ। वू-युआन: सामान्य नियमको रूपमा, बाह्य शत्रुलाई आक्रमण गर्नु अघि मानिसहरूले सबै घरेलु समस्याहरूबाट छुटकारा पाउनुपर्दछ।)

3. यसपछि रणनीतिक चालबाजीको पालो आउँछ। यो भन्दा कठिन केहि छैन। रणनीतिक चालबाजीको कठिनाई बाङ्गोलाई सीधा र दुर्भाग्यलाई भाग्यमा परिणत गर्नु हो।

(मैं त्साओ-कुङको परम्परागत व्याख्याबाट अलिकति विचलित छु, जसमा भनिएको छ: हामीले राजाको निर्देशन प्राप्त गरेदेखि शत्रुको विरुद्धमा हाम्रो छाउनी नहुँदासम्म, अपनाउनुपर्ने रणनीति सबैभन्दा

गाह्रो हुन्छ। सेनाहरू अगाडि नबढ्दा वा शिविरहरू खडा गर्न थालेसम्म रणनीति वा चालचलन सुरु भएको भन्न सकिँदैन भन्ने मलाई लाग्छ। यस सन्दर्भमा चिएन-हाओको टिप्पणीले यस दृष्टिकोणलाई थप समर्थन गर्दछ: सेनालाई अगाडि राख्न, ध्यान केन्द्रित गर्न, एकता स्थापित गर्न, र शत्रु सेनामा पस्नलाई धेरै पुराना नियमहरू ध्यानमा राख्नु पर्दछ। वास्तविक कठिनाई तब आउँछ जब हामी सामरिक कार्यहरूमा संलग्न हुन्छौं। तु-यूले यो पनि देखे कि शत्रुको सबैभन्दा महत्त्वपूर्ण मोर्चा कब्जा गर्न सबैभन्दा ठूलो कठिनाई छ।)

(यो वाक्य गहिरो र केही हदसम्म गूढ अभिव्यक्तिहरू मध्ये एक हो जुन सुन-जूलाई धेरै मनपर्छ। यसलाई त्साओ-कुङद्वारा यसरी व्याख्या गरिएको छ: तपाईं टाढा हुनुहुन्छ जस्तो महसुस गर्नुहोस्, त्यसपछि द्रुत रूपमा दूरी घटाउनुहोस् र तपाईंको प्रतिद्वन्द्वीको अगाडि पुग्नुहोस्। , तु-मू भन्छन्: शत्रुलाई छल गर्नुहोस्, ताकि जब तपाईं तीव्र गतिमा दौडनुहुन्छ, उसले तपाईंलाई पछाडि छोड्छ र तपाईं फुर्सदमा रहनुहुन्छ। हो-शिहले यसलाई अलि फरक मोड दिन्छ: यद्यपि, तपाईंसँग कठिन परिस्थितिहरू हुन सक्छ र शत्रुलाई जित्न प्राकृतिक अवरोधहरू सामना गर्न सक्नुहुन्छ। तर, आन्दोलनको तीव्रताले यो बेफाइदालाई वास्तविक फाइदामा परिणत गर्न सकिन्छ। यो आल्प्स र ह्यानिबल द्वारा दुई प्रसिद्ध मार्ग द्वारा संकेत गर्न सकिन्छ। यसले इटालीलाई लामो समयसम्म सुरक्षित राख्यो। नेपोलियनको दुई हजार वर्ष पछि, मारेन्गोको ठूलो विजय यस्तै परिस्थितिमा भयो।)

4. यसरी शत्रुलाई बाटोबाट टाढा जान प्रलोभन दिएर पनि लामो र घुमाउरो बाटो लिई उसको अगाडि गन्तव्यको यात्रा सुरु गर्नुहोस् र त्यहाँ पुग्ने तरिका देखाउँछ। यसले देखाउँछ कि तपाईं हेरफेरको कलामा एक विशेषज्ञ हुनुहुन्छ।

(तु-मूले 270 ईसा पूर्वमा ओ-यू सहरलाई मुक्त गर्न चाओ-शीको प्रसिद्ध सैन्य मार्चलाई उद्धृत गर्दछ, जहाँ चिनको सेनाले ठूलो रकम लगानी गरेको थियो। चाओका राजाले पहिले लिन-पाओसँग सल्लाह गरे र उनको सल्लाहमा राहतको प्रयास गरे। तर, पछि यो राहत प्रयास अपर्याप्त र यस विषयमा हस्तक्षेप गर्नु उचित नभएको बुझियो। त्यसपछि राजा चाओ-शी तर्फ फर्के, जसले गल्ती स्वीकार गरे र

सैन्य मार्चलाई पूर्ण रूपमा खतरनाक भनी वर्णन गरे। अन्त्यमा उनले सिङ्गो सेनासँग लड्नुको सट्टा हामी एक अर्कासँग लड्छौं भनी भन्दै सेनासहित राजधानी छाडे। तर, 30 ली मात्रको दूरी तय गरेपछि उनी रोकिए र आक्रमणको तयारी गर्न थाले। उहाँले आफ्नो घेराबन्दीलाई 28 दिनसम्म बलियो बनाउन जारी राख्नुभयो र जासुसहरूले यो खबर शत्रुलाई पुर्‍याएको सुनिश्चित गर्नुभयो। यो खबर पाएर चिन सेनापति धेरै खुसी भए र आफ्नो शत्रुको ढिलाइको उत्सव मनाए। तर जासूसहरू छोड्ने बित्तिकै चाओ-शी आफ्नो सेनासँग द्रुत गतिमा अघि बढे। उनीहरू नरोकिकन दुई दिन र एक रात चलिरह्यो। शत्रुले केही थाहा पाउनु अघि चाओ शी अचम्मको गतिका साथ घटनास्थलमा आइपुगे र नर्थ हिललाई जित्नुभयो। आफ्नो हतारमा, चीनको सेनाले ओ-यूलाई घेरा हाल्ने र सीमामा पछाडि हट्ने मौका पाएन। नतिजा यो थियो कि चीनको सेना नराम्ररी पराजित भयो।

5. सेनाको साथ चालबाजी लाभदायक हुन्छ, तर अनुशासनहीन भीडसँग यो सबैभन्दा खतरनाक साबित हुन्छ।

(मैं तुङ-टिएन, चेङ यू-ह्सिएन र टु-शूका भनाइहरू स्वीकार गर्छु, किनभने तिनीहरूले युद्धको बुझाइ विकास गर्न आवश्यक सटीक सूक्ष्मताहरू लागू गरेको देखिन्छ। मानक पाठ प्रयोग गर्ने टिप्पणीकारहरू सहमत छन् कि चाल सेनापतिको क्षमतामा निर्भर गर्दछ। उनको बुझाइ अनुसार यो लाभदायक वा खतरनाक साबित हुन सक्छ।)

6. यदि तपाईंले फाइदा लिनको लागि पूर्ण रूपमा सुसज्जित सेनाको साथ मार्च गर्नुभयो भने, तपाईं सायद धेरै ढिलो हुनुहुनेछ। एकै समयमा, यदि तपाईंले आफ्नो उद्देश्य पूरा गर्न तुरुन्तै सैन्य दल पठाउनुभयो भने, शत्रुले सामान र स्टोरहरू बिना यात्रा गर्नुपर्नेछ।

(चिनियाँ भाषामा लेखिएका केही पाठ चिनियाँ टिप्पणीकारहरूले वाक्यको व्याख्या गर्न बुझ्न नसकिने छन्। पाठमा केही गल्ती हुनैपर्छ भन्ने विश्वास गर्दै म बिना कुनै हिचकिचाहट मेरो प्रतिपादन प्रस्तुत गर्दछु। समग्रमा, यो स्पष्ट छ कि सुन-जूले सैन्य आपूर्तिविना लङ्ग मार्च गर्न स्वीकृति दिएनन्।)

7. यदि तपाईँले आफ्नो सेनालाई फाइदा उठाउन र सामान्य दुरीको दोब्बर अर्थात् एकै दिनमा सय लीको दूरी पूरा गर्नको लागि नरोकिएर दिनरात मार्च गर्न बाध्य बनाउनुभयो भने, तपाईँका विभिन्न सेनाहरूको नेतृत्व गर्ने सेनापतिहरू दुश्मनको फेला पर्नेछन्।

(तु-मू भन्छन् कि सेनाले सामान्यतया तीस ली अर्थात् दिनमा 10 माइलको यात्रा गर्थ्यो। तर, यसका अपवाद पनि धेरै अवसरमा देखिएका छन्। लिए पेईलाई पछ्याउँदै, साओ-त्साओले चौबीस घण्टामा 300 लीको अविश्वसनीय दूरी, सामान्य दूरीको 30 गुणा कभर गरेको भनिन्छ।)

8. युद्ध नीतिले भन्छ कि सबैभन्दा बलियो मैदानमा अगाडि हुनेछ, सबैभन्दा कमजोर पछाडि छोडिनेछ। तपाईँको योजना पूरा भएपछि, केवल 10 प्रतिशत सैनिकहरू तपाईँको गन्तव्यमा पुग्न सक्षम हुनेछन्।

(कथाको सार, त्साओ-कुङ र अरूले औंल्याएझैं: तपाईँले बाटोमा अवरोधहरू सामना गर्नुपर्दैन वा नहोस्, रणनीतिक फाइदा लिनको लागि सय ली मार्च नगर्नुहोस्। युद्धाभ्यासहरू छोटो दूरीमा सीमित हुनुपर्छ। स्टोनबल ज्याक्सनले भने, "जबरजस्ती मार्चको कठिनाइहरू युद्धका खतराहरू भन्दा धेरै पीडादायी हुन्छन्। जब तपाईँ आश्चर्यचकित हुन चाहनुहुन्छ, वा रणनीतिक फाइदा हुँदा मात्र आफ्नो सेनालाई असाधारण परिश्रमको लागि बोलाउनुहोस्।" कुनै न कुनै मोर्चामा द्रुत गतिमा पछि हट्नु आवश्यक छ, ताकि यसले गतिको लागि सबै त्याग गरेको देखिन्छ (1)।)

9. यदि तपाईँले आफ्नो सेनालाई 50 ली को दुरी ढाट्नु भयो भने, तपाईँले आफ्नो पहिलो डिभिजनको सेनापतिलाई गुमाउनुहुनेछ र केवल तपाईँको सेना गन्तव्यमा पुग्न सक्षम हुनेछ।

(वास्तवमा, यसले तपाईँको प्रथम श्रेणीका नेताहरूलाई नष्ट गर्नेछ।)

10. यदि तपाईँले यस उद्देश्यका लागि तीस लीको दूरी पार गर्नुभयो भने, तपाईँको दुई तिहाइ सेना मात्र गन्तव्यमा पुग्नेछ।

(टुङ-टियेनले यसमा थप्छन् र भन्छन् कि यो लामो सैन्य मार्च मार्फत मात्र हो कि हामीले चालको कठिनाइहरू थाहा पाउन सक्छौं।)

11. यसरी हामी यो निष्कर्षमा पुग्छौं कि सामग्रीविना सेना केही हुँदैन, राशन बिना सेना कमजोर हुन्छ र आपूर्ति र भण्डार बिना सेना हराउँछ।

(मेरो विचारमा सुन-जू भनेको डिपोमा राखिएको स्टक हो। तर तु-यू यसलाई चारा मान्छ। चाङ-यूले यसलाई सामान्य खाद्य वस्तुको रूपमा लिन्छन्, जबकि वाङ-स्सीले इन्धन, नुन, खाद्य वस्तुहरू, आदिलाई जनाउँछ।)

12. हामीले हाम्रा छिमेकीहरूसँग गठबन्धन गर्न सक्दैनौं जबसम्म हामीलाई तिनीहरूको योजनाको ज्ञान हुँदैन।

13. बाटोमा कति पहाड, जङ्गल, भिरालो ढुङ्गा र दलदल छन्, कति प्राकृतिक खतराहरू छन् भन्ने बाटो थाहा नभएसम्म हामी अग्रसर सेनाको नेतृत्व गर्न सक्दैनौं।

14. हामीले स्थानीय गाइडहरू प्रयोग नगरेसम्म हामीले मार्गहरूको प्राकृतिक फाइदाहरूको फाइदा लिन सक्नेछैनौं।

15. तपाईंले युद्धमा जति धेरै छल प्रयोग गर्नुहुन्छ, तपाईं त्यति धेरै सफल हुनुहुनेछ।

(शत्रुलाई सधैं धोखामा राख्नु ट्युरेनको रणनीति थियो। उसले सेनालाई धेरै राम्रोसँग प्रयोग गर्यो, विशेष गरी संख्यात्मक शक्तिको सन्दर्भमा।)

16. आफ्नो सेनाको ध्यान युद्धमा केन्द्रित गर्ने कि आवश्यकता अनुसार विभाजन गर्ने, त्यो सबै परिस्थितिले निर्धारण गर्छ।

17. तपाईंको आवागमन हावाजस्तै छिटो हुनुपर्छ, सैन्य परिचालन जंगल जत्तिकै घना हुनुपर्छ।

(हावा र जङ्गलको उपमाको प्रयोग यहाँ एकदमै उपयुक्त छ, किनकि हावा बलियो मात्र होइन, मेई-याओ-चेनका अनुसार शत्रुलाई पनि अदृश्य हुन्छ र आफ्नो बाटो कहिल्यै छोड्दैन।)

(मेङ-शिहले आफ्नो टिप्पणीमा एउटा महत्त्वपूर्ण बिन्दु बनाउँदैछन्: जब सैन्य मार्च बिस्तारै र फुर्सदमा चलिरहेको छ, सेनामा सेनापति र रैंकहरूको आदेशलाई सम्मान गर्नुपर्छ। यसो गर्नले हामी आफैलाई अचानक आक्रमणबाट जोगाउन सक्छौं। प्राकृतिक वनहरू पङ्क्तिमा

बढ्दैनन्, यद्यपि तिनीहरूमा सामान्यतया घनत्व वा कम्प्याक्टनेसको गुणस्तर हुन्छ।)

18. **आक्रमण र लुटपाटमा आगो जस्तै बन्नुहोस्**

(सीएफ.शिह चिङ, चतुर्थ भन्छन्, कुनै मानिसले ज्वलन्त आगोलाई रोक्न सक्दैन।)

तिम्रो प्रकृति अचल पहाड जस्तै होस्।

(अर्थात् शत्रुले तपाईंलाई हटाउन खोजेको वा फसाउन खोजेको ठाउँबाट एकपटक तपाईं पहाडजस्तै अचल बनिसकेपछि शत्रुले तपाईंलाई बिगार्न सक्दैन।)

19. **तपाईंका योजनाहरू रात जस्तै अँध्यारो होस्, ताकि तिनीहरूको बारेमा कसैलाई थाहा नहोस्। आक्रमण गर्दा शत्रुमाथि बिजुली झैं खस, ताकि उसले सम्हालिने मौका नपाओस्।**

[तु-यू यहाँ ताई-कुङ्को भनाइ उद्धृत गर्दछन्, ध्वनि र प्रकाश यति उज्यालो छ कि तपाईं दुश्मनको गर्जनामा कान बन्द गर्न सक्नुहुन्न वा तिनीहरूको शक्ति हेर्न आफ्ना आँखा बन्द गर्न सक्नुहुन्न। त्यसैले शत्रुमाथि आक्रमण यति चाँडो गरिनुपर्छ कि उसले त्यसबाट बच्न सक्दैन।)

20. **जब तपाईंले राज्यको ग्रामीण इलाका लुट्नु हुन्छ, तब लुटेको सामान आफ्ना सिपाहीहरु माझ बाँडिदिनुहोस्।**

(अन्धाध लुटको दुरुपयोगलाई कम गर्न, सुन-जूले सबै लुटिएका सामानहरू भण्डारमा राख्ने कुरामा जोड दिन्छन्, जुन सबैमा निष्पक्ष रूपमा बाँड्न सकिन्छ।)

जब तपाईं नयाँ क्षेत्र कब्जा गर्नुहुन्छ, तपाईंको सेनाहरू बिच क्षेत्र विभाजन गर्नुहोस्।

(चेन-हाओ भन्छन्, आफ्नो सिपाहीहरू बिच भूमि बाँड्नुहोस्, उनीहरूलाई बाली लगाउन दिनुहोस्। यो सिद्धान्तमा काम गरेर सिपाहीहरूको मनोबल बढाउन सकिन्छ। चिनियाँहरूले शत्रुले आक्रमण गरेको भूमिमा खाद्यान्न उब्जाएर आफ्ना केही अविस्मरणीय र विजयी अभियानहरू पूरा गर्न सफल भएका छन्। जस्तै पान-चाओले

क्यास्पियनमा प्रवेश गर्दा के गरे र फू-कांग-एन र त्सो त्सुङ-ताङ्ले हालैका वर्षहरूमा के गर्दै आएका छन्।)

21. फिल्डमा कुनै पनि कारबाही गर्नु अघि, नतिजाहरू बारे सोच्नुहोस्।

(चांग-यूले वेई-लियाओ-जूलाई उद्धृत गरे कि हामीले दुश्मनको प्रतिरोधलाई नष्ट नगरेसम्म हाम्रा सैन्य शिविरहरू हटाउनु हुँदैन। एकै समयमा, शत्रुहरूले सेनापतिको चतुरता बुझ्दैनन्।)

22. धूर्त कला सिकेको मात्र युद्धमा विजयी हुन्छ। यस्तो छ चालबाजी गर्ने कला।

(अध्याय स्वाभाविक रूपमा यी शब्दहरूसँग समाप्त हुनेछ। यद्यपि, यो युद्धको पुरानो पुस्तकबाट उद्धृत गरिएको लामो परिशिष्ट पछि हुनेछ, जुन अहिले कतै हराएको छ। त्यो समयमा स्पष्ट रूपमा थियो जब सुन-जूले यसलाई लेखेका थिए। यस टुक्राको शैली सुन-जू आफैँ भन्दा बिल्कुल फरक छैन। साथै, कुनै पनि टिप्पणीकारलाई यसको वास्तविकतामा कुनै शंका छैन।)

23. सैन्य व्यवस्थापनमा पुस्तक भन्छ:

(यो सायद महत्त्वपूर्ण छ कि पहिलेका कुनै पनि टिप्पणीकारहरूले हामीलाई यस कार्यको बारेमा कुनै जानकारी दिएका छैनन्। मेई याओ-चेनले यसलाई 'उत्कृष्ट प्राचीन सैन्य पुस्तक' भने र वाङ-ह्सीले यसलाई 'युद्धको पुरानो पुस्तक' भने। सुन-जू अघि चीनका विभिन्न राज्य र रियासतहरू बिचको शताब्दीको युद्धलाई हेर्दा यसले अर्थ राख्छ। यद्यपि, सैन्य हितोपदेशहरूको संग्रह पहिलेको लडाईँहरूको लागि पनि सिर्जना गरी लेखिएको हुनुपर्छ।)

युद्धको मैदानमा,

(यसले यो संकेत गर्छ, यद्यपि यो वास्तवमा चिनियाँमा होइन।)

बोलिएका शब्दहरू धेरै टाढा जान सक्दैनन्, त्यसैले ड्रम र शंखको गोला प्रयोग गरिन्छ। सामान्य वस्तुहरू स्पष्ट रूपमा देखिँदैन, त्यसैले झण्डा र ब्यानरहरू प्रयोग गरिन्छ।

24. 24. घण्टी र ढोल, ब्यानर र झण्डाहरू सेनाको आँखा र कानलाई एक विशेष बिन्दुमा केन्द्रित गर्ने माध्यम हुन्।

(चांग-यू भन्छन्: यदि आँखा र कान एउटै वस्तुमा केन्द्रित छन् भने, लाखौँ सैनिकहरूको सोच एउटै हुनेछ। यहाँ साझा सोचको अर्थ सैनिकहरूको एकता र शक्ति हो।)

25. सेना यसरी एकजुट हुँदा बहादुरलाई एक्लै अघि बढ्न असम्भव हुनेछ र कायरहरू एक्लै पछाडि दौडन असम्भव हुनेछ। यो मानिसहरूको ठुलो समूहलाई ह्यान्डल गर्ने कला हो।

(चुआंग-यूले यहाँ एउटा उद्धरण उद्धृत गर्दछ: तिनीहरू समान रूपमा दोषी छन् जो आदेशको विरुद्धमा अगाडि बढ्छन् र जो आदेशको विरुद्धमा पछि हट्छन्। तु-मूले यस सम्बन्धमा एउटा कथा सुनाउँछन् जसमा वू-चीले चिन राज्यको विरुद्ध लडिरहेका थिए। लडाईँ सुरु हुनु भन्दा पहिले, उनको एक साहसी सिपाही शत्रुको शिविरमा गए, दुई शत्रु सैनिकहरूलाई मारे र तिनीहरूको टाउको काटेर आफ्नो शिविरमा फर्के। वू-चीले तुरुन्तै त्यो साहसी सिपाहीलाई मारे।

वू-चीका एक अधिकारीले यो बहादुर सिपाही हो भनी सोधे। उनको टाउको काट्नु हुदैनथ्यो। जवाफमा वू-चीले भने कि म पूर्ण रूपमा विश्वास गर्छु कि उ एउटा असल सिपाही थियो, तर मैले उसलाई मारे किनभने उसले आदेश बिना यो गरेको थियो।)

यो ठुलो सेनालाई सम्हाल्ने कला हो, यो ठुलो भीडलाई सम्हाल्ने कला हो।

26. रातको लडाईँमा संकेतको लागि आगो र ड्रमहरू प्रयोग गर्नुहोस्, र दिनमा लड्दा झण्डा र ब्यानरहरू प्रयोग गर्नुहोस्, ताकि तपाईँ आफ्नो सेनालाई तिनीहरूसँग एकताबद्ध राख्न सक्नुहुन्छ।

(चेन-हाओले 500 अश्वरोहीहरूको साथमा ली-कुआंग-पीका सेनाहरूद्वारा टर्चहरू सहितको रात्रि मार्चलाई औल्याए। चेन-हाओ भन्छन् कि ली-कुआंग-पीका सेनाहरूले टर्चहरूका साथ यति ठुलो प्रदर्शन गरे कि विद्रोही नेता शिह सू-मिङ्ले ठुलो सेना भए तापनि तिनीहरूको बाटोमा द्वन्द्व ल्याउने साहस गरेनन्।)

27. यसले सम्पूर्ण सेनाको मनोबल तोड्न सक्छ;

(चांग-यू भन्छन, यदि युद्धमा सेनाका सबै तहमा एकै समयमा क्रोधको भावना जगाइयो भने, यसलाई रोक्न असम्भव हुनेछ। यसको आक्रमण

अप्रतिरोध्य हुन्छ। युद्धको मैदानमा भखरै आइपुग्दा शत्रु सैनिकहरूमा लड्ने र जिन्ने भावना बलियो हुनेछ। त्यसैले हामीले तुरुन्तै लडाईबाट बच्चुपर्छ। यो महत्त्वपूर्ण छ कि हामी एकैचोटि लड्दैनौं, तर तिनीहरूको उत्साह र जोश कम नभएसम्म पर्खनुहोस्। तिनीहरूको उत्साहलाई एकपटक शान्त पार्नुहोस् र त्यसपछि तिनीहरूमाथि आक्रमण गर्नुहोस्। यसले उनीहरूको जोशलाई पनि नष्ट गर्न सक्छ। ली-चुआन र अन्य (त्सो-चुआन, वर्ष 10 मा फेला परेको) त्साओ-कुईको एक किस्सा बताउँछ, लु राज्यको ड्यूक चुआंगको आश्रित। लूलाई चीले आक्रमण गरेको थियो र ड्यूकले शत्रुको पहिलो रणभूमिमा युद्ध सुरु गर्न चाहन्थे। तर त्साओले त्यसबेला त्यसो गर्न अस्वीकार गरे। उनीहरूलाई भने, अहिले होइन। जब चीको ड्रम तेस्रो पटक प्रहार भयो, त्साओ आक्रमण गर्न राजी भए। पछिको युद्धमा, चीका सिपाहीहरू नराम्ररी पराजित भए। जब ड्यूकले पछि ढिलाइको कारण सोधे, त्साओ-कुईले जवाफ दिए, युद्धमा साहसको भावना नै सबै कुरा हो। पहिलो ड्रमले यो जोश जगाउँछ, तर दोस्रो ड्रमले जोश कमजोर हुन थाल्छ र तेस्रो ड्रम पछि यो पूर्ण रूपमा गायब हुन्छ। मैले आक्रमण गरे जब तिनीहरूको आत्मा पूर्ण रूपमा समाप्त भयो, जबकि हाम्रो चरम सीमामा थियो। त्यसैले हामीले जित्यौं।)

सेनापतिको दिमागको चाप टुट्न सक्छ।

(चांग-यू भन्छन्: परिस्थिति अनुसार उपयुक्त निर्णय सेनापतिको सबैभन्दा ठूलो गुण र राज्यको सबैभन्दा महत्त्वपूर्ण सम्पत्ति हो। यही गुणले उनलाई आफ्ना सिपाहीहरूको गल्ती सच्याउन र शत्रुको साहसलाई आतंकित पार्न प्रेरित गर्छ। महान सेनापति ली चिङ (571-649) ले भन्नुभयो: आक्रमणको अर्थ अग्लो पर्खालले घेरिएका सहरहरूमाथि आक्रमण गर्नु वा युद्धको मैदानमा सेनामाथि आक्रमण गर्नु मात्र होइन, यसमा शत्रुको मानसिक सन्तुलन बिगार्ने कला पनि समावेश हुनुपर्छ।)

28. सैनिकको उत्साह बिहान सबभन्दा बढी हुन्छ।

(ट्रेबियाको युद्धमा, रोमन सिपाहीहरूलाई खाली पेटमा लड्न भनियो, जबकि ह्यानिबल्का सिपाहीहरूले फुर्सदको खाजा खाए। अन्तमा नतिजा ब्रेकफास्ट गर्ने सिपाहीहरूको पक्षमा गयो।)

दिउँसो घट्न थाल्छ र साँझपख उसको मन क्याम्प फर्कने बानीमा लत लागेको हुन्छ।

29. चतुर सेनापति त्यो हो जसले आफ्नो उत्साह शान्त नभएसम्म दुश्मनलाई आक्रमण गर्दैन। उसको जोस उच्च हुँदा उसले शत्रुलाई आक्रमण गर्दैन। शत्रु सेनालाई तब मात्र आक्रमण गर्नुहोस् जब ऊ सुस्त हुन्छ र आफ्नो शिविरमा फर्कन चाहन्छ। यो मूड अध्ययन गर्ने कला हो।

30. अनुशासित र शान्त रहनु र शत्रु सेना अव्यवस्थित र अराजक नहोउन्जेल पर्खनु नै युद्ध जित्ने र शान्ति प्राप्त गर्ने कला हो।

31. यदि तपाईं लक्ष्यको धेरै नजिक पुग्नुभएको छ, जबकि दुश्मन अझैं टाढा छ, तपाईं आराम गर्न सक्नुहुन्छ र त्यहाँ उनको लागि पर्खनुहोस्। कडा परिश्रम गरेर शत्रुलाई थकाइ दिनुहोस्। आफू राम्ररी खानु र शत्रुलाई भोकै मर्न छाडिदिनु। यो आफ्नो शक्ति जोगाउने कला हो।

32. यदि दुश्मन सेनाका ब्यानरहरू आदर्श रूपमा व्यवस्थित छन् भने, तिनीहरूलाई बाटोमा नरोक्नुहोस्। यदि शत्रुका सिपाहीहरू शान्त र आत्मविश्वासी छन् भने यस्तो सेनामाथि आक्रमण गर्नुअघि सोच्नुहोस्। यो परिस्थितिको अध्ययन गर्ने कला हो।

33. शत्रुको विरुद्धमा पहाडमा नचढ्ने यो सैन्य रणनीति हो। पहाड तल ओर्लिदा उसको विरोध नगर्नुहोस्।

34. भाग्रे बहाना गर्ने शत्रुको पछि नलाग्नुहोस्। उत्साही स्वभाव भएका सिपाहीहरूलाई आक्रमण नगर्नुहोस्।

35. शत्रुले दिएको प्रलोभनलाई प्रलोभन सम्झेर निल्ने प्रयास नगर्नुहोस्।

(ली-चुआन र तु-मूमा यी कुराहरू बुझ्ने असाधारण क्षमता छ। तिनीहरूले शत्रुको खाना र पानीलाई विषको रूप मान्छन्। चेन-हाओ र चांग-यू यो भनाइको व्यापक प्रयोग छ भन्छन्।)

स्वदेश फर्कने सेनाको बाटोमा हस्तक्षेप नगर्नुहोस्, उनको बाटोमा कहिल्यै अवरोध नगर्नुहोस्।

(समालोचकहरूले यस सल्लाहलाई यसो भन्दै व्याख्या गर्छन् कि जसको हृदय घर फर्कन लागेको छ उसले आफ्नो बाटो रोक्ने कुनै पनि प्रयासको विरुद्ध अन्तिम साससम्म लड्नेछ। तसर्थ, कुनै पनि

प्रतिद्वन्द्वीलाई उहाँसँग व्यवहार गर्न धेरै खतरनाक देखिन्छ। चाङ-यूले हान-सीनका शब्दहरू उद्धृत गरे: त्यो सिपाही अजेय हुन्छ जो घर फर्कन चाहन्छ र फर्कन्छ। सैन-कुओ-चीको अध्याय 1 ले त्साओ-त्साओको साहस र संसाधनको बारेमा अद्भुत कथा बताउँछन्। 198 ईस्वीमा, साओ-साओले चाङ-सुईलाई घेरा हाल्दै थिए। त्यसपछि लिउ पियासोले त्साओको फिर्ती रोक्न सेना पठाए।

पछिल्लो उदाहरण युद्धभूमिबाट आफ्नो सेना हटाउन थियो। त्यो पनि, जब उसले आफूलाई दुई शत्रुहरू बिच भेट्टायो। शत्रु सेनाहरूले साँघुरो बाटोबाट प्रत्येक निस्कने बाटोको सुरक्षा गरिरहेका थिए र जसमा त्साओ-त्साओले आफूलाई घेरेको पाए। यस कठिन परिस्थितिमा, साओले रात नपरेसम्म पर्खनुभयो। तिनले पहाडमा सुरुङ खने र त्यसमा पर्खिए। पूरै सेना त्यो बाटो भएर जाने बित्तिकै सुरुङमा लुकेको सेना चाङ-सुईको सेनाको पछाडि पर्‍यो। त्साओ-त्साओ, जो अझै पछाडी पछ्याउँदै थिए, फर्किए र चाङ-सुईको सेनालाई आक्रमण गरे। यो अचानक आक्रमणबाट शत्रु सेना भयभीत भयो र त्साओ-त्साओले चाङ-सुईको सेनालाई नष्ट गरिदियो। युद्ध पछि, त्साओ-त्साओले भने: शत्रुहरूले मेरो फर्किँदै गरेको सेनालाई पछाडिबाट आक्रमण गर्ने प्रयास गरे र मलाई कठिन अवस्थामा पुर्‍याए। मैले साहस बटुलें र तुरुन्तै तिनीहरूलाई हटाउने उपाय फेला पारें।)

36. जब तपाईं पछि हट्ने सेनाहरू संलग्न गर्नुहुन्छ, तिनीहरूका लागि कम्तिमा एउटा बाटो खुला छोड्नुहोस्।

(यसको सम्बन्धमा तु-मू भन्छन् कि हामीले विपक्षी सेनालाई उनीहरूको फिर्ताको लागि सुरक्षित बाटो छ भनेर आश्वासन दिनुपर्छ र यसरी उनीहरूलाई निराश हुन दिनु हुँदैन। उनीहरूलाई घातक कदम चाल्नबाट रोक्नु पर्छ। यदि ऊ अत्यन्त हताश भयो भने, उसले यस्तो साहसका साथ लड्नेछ कि उसको सामना गर्न गाह्रो हुनेछ। तु-मू अन्तमा खुसीसाथ भन्छन्, उसलाई उम्कने बाटो देखाउँदै पछि उसलाई कुचल्न सक्नुहुन्छ।)

निराश शत्रुलाई धेरै दबाब नदिनुहोस्।

(चेन-हाओले यहाँ एउटा भनाइ उद्धृत गरे: जब मानिस निशस्त्र हुन्छ, उसले युद्धमा आफ्नो पंजा र दाँतको प्रयोग गर्नेछ। चाङ-यू भन्छन्: यदि तपाईंले विरोधीहरूको झुङ्गा जलाउनुभएको छ र खाना पकाउने भाँडाहरू नष्ट गर्नुभयो भने, त्यसो गर्नुहोस्। उसलाई युद्धको लागि सबै जोखिम लिन तयार नबनाउनुहोस्, उसलाई कुनै पनि चरम स्थितिमा धकेल्नु हुँदैन।

हो-शिहले येन चिङ्को जीवनबाट लिइएको कथाको अर्थ बताउदै भन्छन्, सन् 945 मा खितानको शक्तिशाली सेनाले सेनापति येन-चिङ्को सेनालाई घेरेको थियो। चिङ्को सेना मरुभूमिमा पानीको अभावबाट पीडित थिए र सेनाको संख्या द्रुत रूपमा घट्दै थियो। आफ्ना सिपाहीहरूको पीडाबाट विचलित भएका येन-चिङ्ले भने, "हामी अहिले निकै निराश अवस्थामा छौं र यो गर या मरको अवस्था बनेको छ।" हात बाँधेर जेल बस्नु भन्दा देशको लागि लड्दै मर्नु राम्रो हो। त्यही बेला उत्तर–पूर्वबाट बालुवाको आँधी आउन थाल्यो। येन-चिङ्का साथीहरूले आँधीको रूपमा अवसर देखे। उनीहरूले आँधीपछि अन्तिम आक्रमण गर्ने योजना बनाएका थिए। सबैले यो रणनीतिलाई समर्थन गरे र भने कि उनीहरूको संख्या धेरै छ, हाम्रो कम छ, उनीहरूले यो बालुवाको आँधीमा हाम्रो संख्या देख्न सक्दैनन्। यस्तो अवस्थामा जित धेरै जोश भएको सेनाको हुनेछ र हावा हाम्रो सबैभन्दा राम्रो सहयोगी हुनेछ। यो सुनेर येन-चिङ्ले आफ्नो घोडचढीसहित खितान सेनामाथि अचानक र पूर्णतया अप्रत्याशित आक्रमण गरेँ। खितानको सेना नराम्ररी पराजित भए र येन-चिङ्को सेना सुरक्षित रूपमा फर्कन सफल भयो।)

37. युद्धको कला यस्तो हुन्छ।

VIII

रणनीतिमा विविधता

(शीर्षकले संकेत गरे जस्तै, रणनीतिहरूमा नौ प्रकारका भिन्नताहरू छन्। तर, जसरी सुन-जूले वास्तवमा तिनीहरूलाई गणना गर्दैन, र जसरी उहाँले हामीलाई पहिले नै बताउनुभएको छ (अध्याय 5: 6-11) कि सामान्य अभ्यासमा त्यस्ता हेरफेरहरू व्यावहारिक रूपमा असंख्य हुन्छन्, हामीसँग वांग-ह्सीको अनुसरण गर्नु बाहेक कुनै विकल्प छैन। उनी भन्छन् कि नौ प्रकारका हेरफेर रणनीतिहरू अनिश्चितकालका लागि प्रयोग गर्न जारी रहनेछ। यसको मतलब यो हो कि युद्धमा हामीले हाम्रो रणनीतिहरू अधिकतम हदसम्म फरक गर्नुपर्छ ... मलाई थाहा छैन कि त्सो-कुङ्ले यी नौ रूपहरू कसरी लिन्छ, तर रणनीतिहरूमा नौ प्रकारका हेरफेरका लागि नौ प्रकारका परिस्थितिहरू छन्। यस सम्बन्धमा चाङ-यु द्वारा अपनाएको दृष्टिकोण एकदम फरक छ।)

1. सुन-जू भन्छन्: युद्धमा सेनापतिले राजाबाट निर्देशन लिन्छ, आफ्नो सेनालाई जम्मा गर्छ र आफ्नो सेनालाई केन्द्रित गर्दछ।

   (अध्याय 7:1 मा यसलाई दोहोर्याइएको छ। जहाँ पक्कै पनि यो नीतिलाई समर्थन गर्दछ। यो अध्याय सुरु गर्नको लागिमात्र यहाँ सम्मिलित गरिएको हुन सक्छ।)

2. जब तपाईं कठिन इलाकामा हुनुहुन्छ, त्यहाँ शिविर नगर्नुहोस्। मुख्य सडकहरू मिल्ने क्षेत्रमा, नजिकका राजाहरूसँग हात मिलाउनुहोस्। खतरनाक रूपमा एक्लो भएको ठाउँहरूमा नबस्नुहोस्।

(अन्तिम अवस्था अध्यायको सुरुमा दिइएका नौ अवस्थाहरूमध्ये एउटा होइन। चाङ-यूले यो अवस्थालाई सीमापारको क्षेत्र मान्छन्, जुन शत्रुको क्षेत्रमा अवस्थित छ। ली-चुआनले यसलाई यस्तो क्षेत्र मान्छन् जहा पानीको केही व्यवस्था छैन, न कुनै खानेकुराको व्यवस्था छ, न तरकारी छ न दाउरा। चिया-लिनले यस क्षेत्रलाई कुनै पनि प्रकारको सडक नभएको उपत्यका मान्छन्। पूरै क्षेत्र खाल्डाखुल्डी र ढुङ्गाले भरिएको छ। चिया-लिन यस मार्गमा अगाडि बढ्ने बारे कुरा गर्छन्।)

जब तपाईं आफैलाई कठिन परिस्थितिमा फेला पानुहुन्छ, तपाईंले छलको प्रयोग गर्नुपर्छ। यदि स्थिति धेरै आशाहीन छ भने, तपाईंले बहादुरीसँग लड्नु पर्छ।

3.　　तपाईंले हिड्नु नहुने बाटोहरू यी हुन्,

(विशेष गरी ती बाटोहरू जुन साँघुरो छन्। ली-चुआन भन्छन् कि त्यस्ता मार्गहरूमा शत्रुद्वारा आक्रमणको डर छ।)

आक्रमण गर्न नहुने सेनाहरू,

(यसलाई सेनाले आक्रमण गर्नुहुँदैन भन्ने समयमा अझ सहि भन्न सकिन्छ। चेन-हाओ भन्छन् कि तपाईंले प्रतिद्वन्द्वीमाथि फाइदा लिन सक्नुहुन्छ, तर यदि तपाईंसँग शत्रुलाई पूर्ण रूपमा पराजित गर्ने शक्ति छैन भने आक्रमण गर्ने बारे कहिल्यै नसोच्नुहोस्। तपाईंको सिपाहीहरूको शक्ति घट्ने खतरा छ।)

सहरहरू जुन घेराबन्दी गर्नु हुँदैन,

(अध्याय-III, खण्ड-4 मा, त्साओ-कुङले आफ्नै अनुभवबाट एउटा रोचक उदाहरण दिन्छन्। ह्सू-चाउको इलाकामा आक्रमण गर्दा, त्साओ-कुङले आफ्नो बाटोमा रहेको हुआ-पी सहरलाई बेवास्ता गर्न रणनीतिक कदम चालेथ्ये। हुआ-पीको सहर देशको बिचमा स्थित थियो। यो उत्कृष्ट रणनीतिको नतिजा थियो कि त्साओ-कुङ कम्तिमा चौध महत्त्वपूर्ण सहरहरू कब्जा गर्न सफल भए। चाङ-यू भन्छन्: कब्जा गर्न नसकिने सहरमाथि आक्रमण गर्नु हुँदैन। कसैले कुनै पनि सहरको लागि लड्नु हुँदैन, जो छोडियो भने, समस्या निम्त्याउँछ। जब सुन-यिङलाई पी-याङमाथि आक्रमण गर्न आग्रह गरियो, उहाँले जवाफ दिनुभयो: यो सानो सहर राम्रोसँग गाँसिएको छ; म यसलाई लिन सफल भए पनि, यो ठुलो उपलब्धि हुनेछैन; जहाँ म असफल

भएमा, म आफैलाई हाँस्यको पात्र बनाउँछु। सत्रौं शताब्दीमा पनि घेराबन्दी युद्धको ठुलो हिस्सा थियो। यो ट्यूरेन थियो जसले सेनाको मार्च, काउन्टर मार्च र युद्धाभ्यासको महत्त्वलाई नोट गर्‍यो। सीमित खर्चमा प्रदेश कब्जा गर्न सकिने हो भने सहर कब्जा गर्न सैनिकको बलिदान दिनु ठुलो गल्ती भएको उनले बताए।)

यस्तो स्थितिमा जसको प्रतिरोध गर्न हुँदैन, राजाको त्यस्तो आदेश पालना गर्नु हुँदैन। शत्रु सेनामाथि आक्रमण नगर्ने अवसर पनि आउँछन्।

(चिनियाँ भाषामा यो गाह्रो भनाइ हो, हतियार घातक हुन्छ, द्वन्द्व र युद्ध पुण्यको विपरित हुन्छ, सैनिक सेनापतिले सधैँ नागरिकलाई बेवास्ता गर्छ। वेई-लियाओ-त्जु (तु-मूद्वारा उद्धृत) लाई अख्तियार र आदरका साथ यो भन्न प्रेरित गरिएको छ। यद्यपि, अप्रिय तथ्य यो हो कि शाही इच्छाहरू पनि सेनाको आवश्यकताहरू अनुरूप हुनुपर्छ।)

4.   युद्धको समयमा रणनीतिहरू परिवर्तन गर्ने फाइदाहरू राम्ररी बुझेका सेनापतिलाई आफ्ना सेनाहरू ह्यान्डल गर्ने राम्रो तरिका पनि थाहा हुन्छ।

5.   यी रणनीतिहरू नबुझ्ने सेनापतिले क्षेत्रको भौतिक संरचना जतिसुकै राम्ररी बुझे पनि आफ्नो व्यावहारिक ज्ञानको फाइदा उठाउन सक्नेछैन।

(शाब्दिक रूपमा, 'युद्धक्षेत्रको लाभ' प्राप्त गर्नु भनेको आफ्नो लागि राम्रो स्थिति सुरक्षित गर्नु मात्र होइन, अपितु प्राकृतिक फाइदाहरूको लाभ उठाउनु पनि हो। चाङ-यू भन्छन्: प्रत्येक प्रकारको जमिनमा निश्चित प्राकृतिक विशेषताहरू हुन्छन्, र यसले कुनै पनि समयमा योजनामा निश्चित मात्रामा परिवर्तनशीलताको लागि अनुमति दिन्छ। स्थानीय टोपोग्राफीको ज्ञान दिमागमा हुँदा मात्र यी प्राकृतिक सुविधाहरूको फाइदा लिन सकिन्छ।)

6.   त्यसकारण, युद्धको कलाको विद्यार्थी जो रणनीतिहरू हेरफेर गर्ने कलामा निपुण छैन, पाँच फाइदाहरूसँग परिचित भए तापनि आफ्नो सेनाको उत्तम उपयोग गर्न सक्षम हुनेछैन।

(चिया-लिनले निम्न रूपमा स्पष्ट र सामान्यतया लाभदायक कार्यका पाँच सर्तहरू व्याख्या गर्दछ: यदि सडक निश्चित रूपमा छोटो छ भने, यसलाई प्रयोग गर्नुपर्छ; यदि एक सेना अलग छ भने, यसलाई तुरुन्तै आक्रमण गर्नुपर्छ; यदि सहर खराब अवस्थामा छ भने, यसलाई घेरा

हाल्नु पर्छ: यदि परिस्थिति आक्रमणको लागि उपयुक्त छ भने, यो प्रयास गर्नुपर्छ; र यदि युद्ध जारी रह्यो भने, राजाको आदेश पालन गर्नुपर्छ। तर, कहिलेकाहीँ परिस्थितिहरू यस्तो हुन्छन् कि एक साधारण व्यक्तिले पनि यी अवसरहरूको फाइदा लिन निषेध गर्दछ। उदाहरणका लागि, युद्धको मैदानमा जाने बाटो छोटो छ भने मात्र त्यो हुनसक्छ यदि त्यसमा प्राकृतिक बाधाहरू छैनन् भने, तर त्यो बाटो प्राकृतिक बाधाहरूले घेरिएको छ भने अथवा शत्रुले त्यो बाटोमा आक्रमण गर्‍यो भने त्यो बाटोबाट जानेछैन। शत्रु सेना बलमा आक्रमण गर्न तयार हुन सक्छ, तर यदि उसलाई थाहा छ कि लडाई सजिलो हुनेछैन र निरन्तर लडाईँले सेनाको मनोबल घटाउने सम्भावना छ भने, यो आक्रमण गर्नबाट पछि हट्नेछ।)

7. त्यसैले बुद्धिमान् नेता र सेनापतिहरूले योजना बनाउँदा त्यसबाट हुने फाइदा र नोक्सानलाई एकसाथ विचार गर्नुपर्छ।

(चाहे तपाईँ लाभदायक वा हानिकारक स्थितिमा हुनुहुन्छ, त्साओ-कुङ भन्छन्, प्रतिकूल परिस्थितिहरूको विचार सधैँ तपाईँको दिमागमा उपस्थित हुनुपर्छ।)

8. यदि हामीले हाम्रा योजनाहरूमा नाफा र नोक्सानलाई समावेश गर्‍यौँ भने, हामी हाम्रा योजनाहरूको आधारभूत लक्ष्य हासिल गर्न सफल हुन सक्छौँ।

(तु-मू भन्छन्: यदि हामीले शत्रुबाट फाइदा उठाउन चाहन्छौँ भने, हामीले आफ्नो मन उसमा मात्र राख्छु हुँदैन, अपितु शत्रुले हामीलाई केही हानि पुर्‍याउने सम्भावनालाई पनि ध्यान दिनुपर्छ। योजना बनाउँदा यो गणना गर्न निश्चित हुनुहोस्।)

9. अर्कोतर्फ, यदि हामी सधैँ कठिनाइहरूको फाइदा लिन खोज्छौँ भने, हामी आफैलाई दुर्भाग्यबाट बाहिर पाउन सक्छौँ।

(तु-मू भन्छन्: यदि म आफूलाई खतरनाक अवस्थाबाट निकाल्न चाहन्छु भने, मैले शत्रुलाई परास्त गर्न आफ्नै बल प्रयोग गर्ने मात्र होइन, शत्रुले दिन सक्ने क्षमताहरू पनि विचार गर्नुपर्छ। यदि मैले यी दुई विचारहरूलाई मेरो सल्लाहमा राम्ररी मिलाउन सक्छु भने, म आफूलाई शत्रुबाट मुक्त गर्न सफल हुनेछु... उदाहरणका लागि; यदि म शत्रुले घेरेको छु र भाग्ने मात्र सोचेको छु भने, मेरो आतङ्कले मेरा

विरोधीहरूलाई मलाई पछ्याउन र कुचल्न उक्साउनेछ; यो राम्रो हुनेछ यदि मैले मेरा मानिसहरूलाई साहसी जवाफी आक्रमण गर्न प्रोत्साहित गरेँ र यसरी प्राप्त फाइदालाई शत्रुबाट मुक्त गर्न प्रयोग गर्नुहोस्। त्साओ-त्साओको कथा हेर्नुहोस्।)

10. यसका नेताहरूलाई क्षति पुर्याएर शत्रु सेनाको संख्या तुरुन्तै घटाउने प्रयास गर्नुहोस्;

(चिया-लिनले शत्रु सेनामा भएको क्षति बढाउने धेरै तरिकाहरू सूचीबद्ध गर्दछन्, जसमध्ये केही संयोगवश मात्र दिमागमा आउँछन्: शत्रुका सबै भन्दा राम्रो र बुद्धिमानी मानिसहरूलाई टाढा लैजानुहोस्, ताकि ऊ सल्लाहकारहरू बिना नै छोडियोस्। देशद्रोहीलाई आफ्नो देशमा पसाउन दिनुहोस् ताकि सरकारको नीति बेकार होस्। षड्यन्त्र र छल उक्साउनुहोस् र यसरी शासक र उनका मन्त्रीहरू बिच मतभेद सिर्जना गर्नुहोस्। प्रत्येक छलपूर्ण रणनीतिले शत्रुका मानिसहरूको हानि र उसको खजानाको विनाश निम्त्याउँछ। उसलाई यस्तो उपहार दिनुहोस् कि उसले अत्यधिक भोग लिन्छ र उसको नैतिकता भ्रष्ट हुन्छ। उसलाई सुन्दर नारी पुरस्कार स्वरुप दिएर उनको मन अस्थिर र भ्रामक बनाउनुहोस्। चाङ-यू (वाङ-ह्सी पछि) ले यहाँ सुन-जूको फरक व्याख्या दिन्छ: शत्रुलाई यस्तो स्थितिमा ल्याउनुहोस् जहाँ उसले निरन्तर क्षति भोग्नुपर्छ। यस कारणले उसले आफ्नो सन्तुलन गुमाउनेछ।)

उनीहरुका लागि कठिनाइ सिर्जना गर्नुहोस्,

(तु-मूले यस वाक्यांशलाई उसले धनी खजाना ठानेर शत्रुलाई समस्या ल्याउने प्रयासको रूपमा व्याख्या गर्दछ। सैनिकहरू बिच सद्भाव कायम राख्नुहोस्। उनीहरुको मनोकामना समयमै पूरा होस्। तिनीहरूलाई निरन्तर संलग्न राख्नुहोस्। यी सबै कुराहरू शत्रुलाई सताउन पर्याप्त छन्।)

लालचाको प्रलोभन देखाउनुहोस् र तिनीहरूलाई एक निश्चित बिन्दु तिर छिटो सार्न पाउनुहोस्।

(उखान-टुक्काको प्रयोगको उत्कृष्ट उदाहरण मेङ-शिहको नोटमा छ: 'पिउन बिर्सने कारण बनाउनुहोस्' (शत्रुले आफ्नो पहिलो चाल गर्नु

अघि, तपाईंले आफ्नो काम सुरु गर्नुहोस्) उसलाई सबै कुरा बिर्सन बाध्य पार्न जान्नुहोस्, यसका लागि हतार गर्नुहोस्।)

11. युद्धको कलाले हामीलाई शत्रु नआउने सम्भावनामा भर पर्न सिकाउँछ। बरु उहाँलाई स्वागत गर्ने हाम्रो तयारी हुनुपर्छ। हामी आफैंमा भरोसा गर्न आउनु पर्छ। उसले आक्रमण नगर्ने सम्भावनामा भर पर्दैन, तर हामीले हाम्रो स्थितिलाई अभेद्य बनाएका छौं भन्ने तथ्यमा भर पर्नुहोस्।

12. पाँच खतरनाक दुर्गुणहरूले सेनापतिलाई असर गर्न सक्छ: (1) दुस्साहस, जसले विनाश तर्फ लैजान्छ;

(केही अघि-पछि नसोची बहादुरी देखाउनेका बारेमा त्साओ-कुङ भन्छन्। उनी भन्छन् हिम्मतले मानिसलाई पागल साँढे जस्तै आँखा बन्द गरेर लड्ने कारण बन्दछ। चाङ-यू भन्छन् कि यस्तो विपक्षीलाई क्रूरताको सामना गर्नुपर्दैन, तर घात लगाएर आक्रमण गर्नुपर्छ। सेनापतिको चरित्र मूल्याङ्कन गर्दा उसको साहसलाई मानिसहरूले विशेष ध्यान दिन थाल्छन्, सबै सेनापतिमा साहस हुन्छ भन्ने कुरा बिर्सन्छन्। हामीले अरू गुणहरूमा ध्यान दिनुपर्छ। बहादुर मानिस अनावश्यक रूपमा मात्र लड्न इच्छुक हुन्छ; अनि विचार नगरी लड्नेलाई निन्दा गर्नुपर्छ। सु-मा-फाले पनि यसमा कडा टिप्पणी गर्छन् र भन्छन्: विजय शत्रुको मृत्युले मात्र प्राप्त हुँदैन।)

(2) कायरता, जसले कब्जामा पुर्‍याउँछ;

(त्साओ-कुङ्ले यहाँ अनुवाद गरिएको चिनियाँ शब्दलाई 'कायरता' भनेर परिभाषित गर्दछन्। उनी भन्छन् कि कायरताले कसैलाई फाइदा लिन अगाडि बढ्नबाट रोक्छ। वाङ ह्सीले कायरता भनेको खतरा देख्ने बित्तिकै भाग्नेलाई भनेर परिभाषित गरे। मेङ-शिह नजिक आउँछन् र भन्छन्, कायर त्यो हो जो युद्धबाट जिउँदै फर्कन कटिबद्ध हुन्छ। यो एक व्यक्ति हो जसले कहिल्यै जोखिम लिदैन। सुन-जू भन्छन्, जोखिम उठाउन तयार नभएसम्म युद्धमा केही पनि हासिल गर्न सकिँदैन। ताई-कुङ्ले भने: कायर त्यो हो जसले युद्धमा तपाईंको पक्षमा जाने परिस्थितिलाई विपत्तिमा परिणत गर्छ। 404 ईस्वीमा, लिउ-यूले विद्रोही हुआन-सुआनलाई पछ्याए र एक टापुमा उहाँसँग नौसैनिक युद्ध लडे। उहाँसँग केही हजार वफादार सैनिकहरू थिए,

जबकि विद्रोहीहरूको संख्या धेरै थियो। जे होस्, हुआन-सुआन आफ्नो जीवनको बारेमा चिन्तित थिए, त्यसैले उसले आफ्नो जहाजको एक छेउमा एउटा हल्का रफ्तार भएको डुङ्गा बाँधेका थिए, ताकि आवश्यक भएमा ऊ एक क्षणमा भाग्न सकुन्। यसको स्वाभाविक नतिजा यो थियो कि उनका सिपाहीहरूको लडाईंको भावना पूर्णतया कमजोर साबित भयो, अर्कोतर्फ वफादार सिपाहीहरूले पूर्ण जोसका साथ आक्रमण गरे। हुआन-सुआनका सेना पराजित भए र दुई दिन र दुई रात भोक र तिर्खाले भाग्नु पर्‍यो। चाङ-यूले 597 ईसा पूर्वमा चूको सेनासँग लडेका चिन राज्यका सेनापति चाओ-यिंग-चीको यस्तै कथा बताउँछन्। चाओले नदीको किनारमा डुङ्गा पनि तयार पारेको थियो, जो हारेको अवस्थामा भागेर पहिले पुग्ने कामना गर्दथ्ये।)

(3) क्रोधित स्वभाव, जो अपमानद्वारा जगाउन सकिन्छ;

(357 ईस्वीमा हुआन-मेई र तेङ-चियांगले याओ-सिङ्गा आक्रगण गरे। सिंगले आफुलाई पर्खाल पछाडि लुकाए र लड्न अस्वीकार गरे। यसबारे तेङ-चियाङले भने कि हाम्रो शत्रु छोटो स्वभावको र सजिलै आक्रोशित छ। हामीले यसको फाइदा लिनुपर्छ। हामी लगातार आक्रमण गरेर ऊ लुकेको पर्खाल भत्काउँछौं। त्यसपछि ऊ रिसाएर बाहिर निस्कन्छ। एक पटक हामीले उनको सेनालाई युद्ध लड्न उक्साउँछौं, तब उनीहरू सजिलै हाम्रो शिकार बन्नेछन्। यो योजना कार्यान्वयन गरियो। नतिजाको रूपमा, सियाङ साँच्चै क्रोधित भए र लड्न अगाडि गर्जन गर्दै सामु आए। शत्रुले भाग्ने नाटक गरे र सियाङलाई टाढा आउन प्रलोभन दिए। जब तिनीहरू सहरबाट धेरै टाढा पुगे, हुआन-मेई र तेङ-चियाङले याओ-सिङलाई आक्रमण गरे र उनको हत्या गरे।

(4) सम्मानको दृष्टिकोण नाजुक हुन्छ र श्रमको लागि धेरै संवेदनशील हुन्छ

(यसलाई सम्मान गर्ने व्यक्ति कमजोर छ र यो दोष हो भन्ने अर्थ लिनु हुँदैन। सुन-जू सम्मान दिने पछाडि लुकेको अतिरञ्जित संवेदनशीलताको निन्दा गर्दछन्। उनले यस्ता व्यक्तिलाई पातलो छालाको मानिस भनेका छन् र उनीहरू जतिसुकै अयोग्य भए पनि आफूले कहिल्यै आलोचना गर्दैनन्। मेई-याओ-चैनले यसलाई केही विरोधाभासपूर्ण रूपमा हेर्छन्,

उनी यसो भन्छन्: मानिसहरूको आलोचना वा महिमा गर्दा साधकले जनमतप्रति लापरवाह हुनुपर्छ।)

(5) आफ्ना सिपाहीहरूको बारेमा अत्यधिक चिन्ता गर्ने, जसका कारण उनीहरु चिन्तित र व्याकुल रहन्छन्।

(यहाँ फेरि सुन-जूको अर्थ सेनापतिले आफ्ना सिपाहीहरूको हितमा लापरवाह हुनुपर्छ भन्ने होइन। उसले केवल आफ्नो सेनाको तत्काल आरामको लागि कुनै पनि महत्त्वपूर्ण अवस्था गुमाउनु हुँदैन भन्ने कुरामा जोड दिन चाहन्छ। यसद्वारा खतरा हुन सक्छ। यो अदूरदर्शी नीति हो किनभने लामो समयसम्म सेनाले पराजय भन्दा बढी घाटा बेहोर्नु पर्नेछ। वा यसले लामो युद्धको परिणाम दिन्छ, जुन राम्रो होइन। दयाको गलत भावना प्रायः संकटमा परेको सेनापतिलाई राहत दिनको लागि उपयुक्त हुन्छ, वा सैन्य प्रवृत्तिको विपरीत, कडा दबाबमा परेको सेनालाई बलियो बनाउन प्रेरित गर्न।)

13. सेनापतिका यी पाँच मुख्य कमजोरी हुन्, जुन युद्धमा विनाशकारी साबित हुन्छन्।

14. जब सेना पराजित हुन्छ र सेनापतिले आफ्नो ज्यान गुमाउँछ, कारण सधैँ यी पाँच खतरनाक दुर्गुण मध्ये एक हो। त्यसकारण, तिनीहरूलाई ध्यानपूर्वक सोच्नुहोस् र विचार गर्नुहोस्।

IX

सेनाको मार्च

(यस रोचक अध्यायको सामग्रीहरू यस शीर्षकमा भन्दा पहिलो भागमा राम्रोसँग प्रस्तुत गरिएको छ।)

1. शत्रुको चाल र उनीहरुबाट प्राप्त सङ्केतलाई ध्यानमा राखी अब सेना बस्ने वा क्याम्पिङ गर्ने भन्ने विषयमा आउँछौं भन्ने सुन–जू भन्छन्। यात्रा गर्दा, पहाडहरूमा छिटो जानुहोस् र उपत्यका वरिपरि बस्नुहोस्।

    (अर्थात, उच्च बाँझो क्षेत्रमा नबस्नुहोस्, तर पानी र खाद्य आपूर्तिको नजिकै बस्नुहोस्। यसले गर्दा आक्रमणको अवस्थामा आफूलाई बचाउन सकियोस्। खुला र गर्मी ठाउँहरूमा शिविर नगर्नुहोस्, वा जहाँ उपत्यकाहरू समाप्त हुन्छन् वा सुरु हुन्छन् त्यहाँ पनि नगर्नुहोस्। चाङ–यू बताउँछन्: वू-तू-चियाङ हान समयमा डाकुहरूका प्रमुख थिए। मा-युआनलाई उनको गिरोह हटाउन पठाइएका थिए। मौका देखेर चियाङ पहाडमा लुके। मा-युआनले युद्ध लड्न कुनै प्रयास गरेनन्, तर पानी र चारा आपूर्तिको साथ सबै ठाउँहरू कब्जा गरे। चियाङ खाना र पानीमा धेरै निर्भर भयो। अन्ततः उनी आत्मसमर्पण गर्न बाध्य भए। उसलाई उपत्यका वरिपरि बस्ने फाइदाहरू बारे थाहा थिएन।)

2. केवल उच्च स्थानहरूमा मात्र होइन,

    (अग्लो स्थान भन्नाले अग्लो पहाडमा होइन, वरपरको देशको छेउछाउका ढिस्को वा पहाडहरूलाई बुझिन्छ।)

बरु, आफ्नो छाउनी घामको मुखमा उच्च स्थानहरूमा राख्नुहोस्।

(तु-मूको अर्थ 'दक्षिणतर्फ फर्केर' र चेन हाओको अर्थ 'पूर्व' तिर फर्केको हुन्छ।)

लडाइनको लागि कहिल्यै उचाइमा चढ्नु हुँदैन। पहाडमा लडेको युद्धको बारेमा यतिनै भन्न सकिन्छ।

3.   नदी पार गरेपछि तपाईं यसबाट धेरै टाढा जानु पर्छ।

(साओ-कुङ्का अनुसार, शत्रुलाई प्रलोभनमा पार्न तपाईंले उसलाई नदीको बाटो देखाउन सक्नुहुन्छ, ताकि ऊ तपाईंको मार्गमा बाधा नबनोस्। तुङ्-तियेन भन्छन्, यदि शत्रु पनि तपाईंको पछि आएर नदी पार गरे, तपाईं अर्को बाटो लिन सक्नुहुन्छ। तर, अर्को वाक्य दिईयो, यो निश्चित रूपमा एक विकल्प मानिनेछ।)

4.   आक्रमणकारी बलले आफ्नो बाटोमा नदी पार गर्दा, नदीको बिचमा चुनौती नगर्नुहोस्। उसको आधा सेनालाई नदी पार गर्न अनुमति दिनु राम्रो हुनेछ, र त्यसपछि बाँकी सेनाहरूलाई पछाडिबाट आक्रमण गर्नुहोस्।

(ली-चुआनले यहाँ वेई नदीको लुङ्-चूमाथि हान-ह्सीनले जितेको महान् विजयलाई दर्शाउँछन्। चियेन-हान-शूलाई हेर्दा हामी युद्धको विवरण यसरी पाउँछौं: दुई सेनाहरू नदीको विपरीत किनारमा उभिएका थिए। राति हान-ह्सीनले आफ्ना मानिसहरूलाई बालुवाले भरिएको करिब दस हजार बोरा लिएर माथि बाँध बनाउन आदेश दिए। त्यसपछि आफ्नो आधा सेना लिएर खोला तरेर लुङ्-चूमाथि आक्रमण गरे। केही समय लडाईं गरेपछि आफ्नो प्रयास असफल भएको नाटक गर्दै हतार हतार अर्कोतर्फ फर्किए। हान-ह्सीनको रणनीतिबारे अनभिज्ञ लुङ्-चू यस नदेखिने सफलताबाट खुसी भए। उसले भन्यो, म पक्का छु कि हान-ह्सीन साँच्चै कायर थियो! जब म उसको पछि लागे, ऊ खोला तर्न थाल्यो। यहाँ, हान-ह्सीनले बालुवाका थैलाहरू काट्न आफ्नो दोस्रो टुक्रा पठाए। यसले ठुलो मात्रामा पानी बग्यो र लुङ्-चूको सेनाको ठुलो भागलाई पार गर्नबाट रोकियो। हान-ह्सीनले त्यसपछि अर्को पक्षमा तैनाथ आफ्ना सेनाहरूलाई आक्रमण गर्न र विरोधीहरूलाई नष्ट गर्न आदेश दिए। यस आक्रमणमा लुङ्-चू आफैं मारिए। बाँकी रहेकाहरू छरपस्ट भए र जता बाटो भेट्टाए चारै दिशातिर भागे।)

5. यदि तपाई लइन धेरै उत्रावल हुनुहुन्छ भने, तपाईंले आफ्नो आक्रमणकारीलाई नदी पार गर्ने नजिक भेट्नु हुँदैन।

(उसले पारहुने बाटो अवरुद्ध हुने डरले।)

6. तपाईंको ठुलो शत्रुलाई ठुलो भन्दा ठुलो र अग्लो ठाउँमा अनि सूर्यको सामु बाँध्नुहोस्।

(पानीको सम्बन्धमा यी शब्दहरूको दोहोर्याइ धेरै अनौठो छ। चाङ्-यू भन्छन्: नदीको किनारमा तैनात आधा सेनाहरू या त लंगरमा बनाएको इुङ्गमा बस्छन्, वा शत्रुको स्थानभन्दा माथिको कुनै पनि उच्च जमिनमा छाउनी राख्छन्। हो, तपाईंको सूर्यतर्फ मुख हुनु अथवा रहनु जरुरी छ। अन्य टिप्पणीकारहरू यस विषयमा स्पष्ट छैनन्।)

शत्रुसँग लइन वर्तमानको विरुद्धमा नजानुहोस्।

(तु-मू भन्छन् कि पानी तलतिर बग्रे भएकाले खोलाको तल्लो भागमा आफ्नो क्याम्प बसाउनु हुँदैन। शत्रुले बाँध खोल्ने डर रहन्छ र बाटोमा पानी आउँदा हामी बाढीले घेरिने सम्भावना हुन्छ। चूलाई तू-हानले भने नदीमा लइने युद्धमा हमीले पानीको धारको विपरीत अधि बढनु हुँदैन। यसको अर्थ हाम्रो बाँध शत्रुको बाँध भन्दा मुनि हुनुहुँदैन। यसो भयो भने उसले पानीको धाराको फाइदा लिएर हामीलाई चाँडै हराउँने छ।)

नदीमा लडिने युद्धका बारेमा अहिलेको लागि यति हो।

7. नुनयुक्त दलदल पार गर्दा, तपाईंको मुख्य चासो यसलाई कसरी हुन्छ छिटो पार गर्ने हुनुपर्छ। यस्ता बाटामा ढिलाइ गर्नु ठीक होइन।

(शुद्ध पानीको अभावले वनस्पतिको गुणस्तर खस्कन्छ। यसबाहेक, तल्लो र समतल जमिन आक्रमणको लागि सबैभन्दा खतरनाक हुन्छ र शत्रु सधैँ त्यसको खोजीमा हुन्छ।)

8. यदि तपाईंलाई नुनयुक्त दलदलमा लइन बाध्य पारिएको छ भने, त्यहाँ पानी र घाँस तपाईंको नजिक हुनुपर्छ र तपाईंको पछाडि रूखहरूको बगैंचाको नजिक हुनुपर्छ।

(ली-चुआनले टिप्पणी गरे कि जहाँ रूखहरू छन्, त्यहाँ धोकाको सम्भावना कम छ। समतल र खुला मैदानमा कुनै पनि दिशाबाट

आक्रमण हुन सक्छ। तु-मू भन्छन् कि रूखहरूले तपाईंलाई पछाडिबाट जोगाउन सेवा गर्नेछन्।)

नुनयुक्त दलदलको बाटाको यात्रा बारे यतिनै हो।

9. तपाईंको दायाँ र पछाडि अल्गो जमिन भएको सुख्खा र समतल जमिनमा सजिलै पहुँचयोग्य ठाउँ छनौट गर्नुहोस्।

(तु-मूले ताई-कुङ्लाई उद्धृत गर्दै भनेका छन्, सेनाको बाँयामा नदी वा दलदल र दाहिनेमा पहाड वा ढिस्को हुनुपर्छ।)

यसो गर्दा अगाडिबाट खतरा भए पनि पछाडि सुरक्षित भइहाल्छ। समतल क्षेत्रमा क्याम्पिङ गर्दा यी अवस्थाहरूलाई ध्यानमा राख्नु महत्त्वपूर्ण छ।

10. सैन्य ज्ञानका चार उपयोगी शाखाहरू छन्, जसले पहेँलो सम्राटलाई चार राजाहरूलाई पराजित गर्न सक्षम बनायो।

(यी (1) पहाडहरू, (2) नदी, (3) दलदल र (4) क्षेत्रसँग सम्बन्धित छन्। नेपोलियनको सैन्य अभियानहरू बाट यो बुझ्नुहोस्।)

(पहेँलो सम्राट मेई-याओ-चैनले केही प्रशंसनीय शब्दहरूसँग सोध्छन् कि पाठमा कुनै त्रुटि छ कि छैन, किनकि हुआंग-टीले अन्य चार सम्राटहरूलाई जितेको बारे केही थाहा छैन। शिह-चीले येन-ती र चिह-यूमाथिको उनको विजयको बारेमा मात्र कुरा गर्छन्। लियू-ताओमा उनले सत्तर युद्ध लडे र सम्पूर्ण साम्राज्यमा शान्ति स्थापना गरेको उल्लेख छ। त्साओ-कुङ्ले यसो भन्दै व्याख्या गर्छन् कि पहेँलो सम्राट वासल राजकुमारहरूको सामन्ती प्रणाली स्थापना गर्ने पहिलो व्यक्ति थिए, जसमध्ये प्रत्येक (चार संख्यासम्म) मूल रूपमा सम्राटको उपाधि थियो। ली-चुआनले हामीलाई बताउँछन् कि युद्धको कला हुआङ्-तीको अधीनमा उत्पन्न भएको थियो, जसले यसलाई आफ्नो मन्त्री फेङ-होउबाट प्राप्त गरेको थियो।)

11. सबै सेनाहरूले तल्लो जमिन भन्दा माथिल्लो मैदानलाई प्राथमिकता दिन्छन्।

(मेई याओ-चेन भन्छन्, उच्च भूमि भनेको सुरक्षित र स्वस्थ भूमि मात्र होइन, तर सैन्य दृष्टिकोणबाट पनि सुविधाजनक छ। उचाइमा बसेर टाढाबाट आउने शत्रुमाथि नजर राख्न सकिन्छ। तल्लो जमिन ओसिलो र अस्वास्थ्यकर मात्र होइन, लडाईंका लागि पनि हानिकारक छ।)

र अँध्यारो ठाउँहरू भन्दा घमाइलो ठाउँहरूलाई प्राथमिकता दिइन्छ।

12. यदि तपाईं आफ्नो मान्छेहरूको स्वास्थ्यको बारेमा सावधान हुनुहुन्छ भने,

(तपाईंले छाउनी बसेको ठाउँ नजिकै ताजा पानीको स्रोत खोज्नुहोस्, र चरनहरू सिर्जना गर्नुहोस् जहाँ तपाईं आफ्ना जनावरहरूलाई चराउन बाहिर लैजान सक्नुहुन्छ, त्साओ-कुङ भन्छन्।)

कडा जमिनमा छाउनी बनाउनुहोस्, तब तपाईंका सेना सबै प्रकारका रोगबाट मुक्त हुनेछन्।

(हावापानीको सुख्खापनले रोगको प्रकोपलाई रोक्ने छ, चाङ-यू भन्छन्, र यदि चिसो रह्यो भने यसले धेरै रोगहरू निम्त्याउँछ।)

र यी सबै परिस्थितिले तपाईंको विजयको लागि जादू जस्तै काम गर्नेछ।

13. जब तपाईं पहाड वा नदी किनारमा पुग्नुहुन्छ, पूर्व दिशामा क्याम्प गर्नुहोस्। यो तपाईंको दायाँ र पछाडि तिर ढलान भएको ठाउँ हुनुपर्छ। यस तरिकाले तपाईंको सेनाहरू राम्रो सुरक्षित स्थानहरूमा हुनेछन्, र भूमिको प्राकृतिक फाइदाहरूको उपयोग गर्न सक्षम हुनेछन्।

14. जब तपाईंले नदी तर्नु पर्छ, तर यो बाढी आएको छ र माथिल्लो क्षेत्रमा भारी वर्षाको कारणले गर्दा, तपाईंले पानी कम नभएसम्म पर्खनुपर्छ।

15. खतरनाक चट्टानहरू भएका ठाउँहरू, त्यहाँबाट बलियो धारा बग्ने, गहिरो खोलाहरू, साँघुरो ठाउँहरू, टाँसिएका झाडीहरू, दलदलहरू र गहिरो खुला दरारहरू, जति सक्दो चाँडो छोड्नुपर्छ र वरपर पनि जानु हुँदैन।

(यस्तो जमिनलाई प्राकृतिक कारागार पनि भन्न सकिन्छ, तीनतिरबाट ढुङ्गाले घेरिएको ठाउँमा प्रवेश गर्न सजिलो छ तर बाहिर निस्कन गाह्रो छ। यस्तो भूमिबाट टाढै रहनुपर्छ।)

अल्झिएका/अल्झाउने झाडीहरू,

(यस्ता ठाउँहरूलाई खतरनाक भनी वर्णन गरिएको छ। यो भनिन्छ कि यी घना झाडीहरूले ढाकिएको ठाउँहरू हुन्, जहाँ भालाहरू प्रयोग गर्न सकिँदैन।)

ओसिलो र हिलो जमिन, दलदल

(यो तल्लो स्थितिको रूपमा परिभाषित गरिएको छ। हिलोले भरिएको सडकबाट रथ र घोडचढीलाई जान असम्भव छ। कसैको लागि यी बाटोहरू पार गर्न सम्भव छैन।)

बरफको बाक्लो तहमा गहिरो दरार,

(मेई-याओ-चेनले यसलाई हिउँले ढाकिएको पहाडहरू बिचको साँघुरो बाटोको रूपमा वर्णन गर्दछ। सुरक्षित स्थानहरू भन्नाले टु-मू भनेको रूख र चट्टानले ढाकिएको मैदानबाट आएको हो, जुन धेरै खाल्डाहरू र खाडलहरूले घेरिएको छ। यो धेरै अस्पष्ट छ, तर चिया-लिनले यसलाई अशुद्ध वा साँघुरो मार्गको रूपमा स्पष्ट रूपमा व्याख्या गर्दछन्, र चांग-यूको दृष्टिकोण चिया-लिनको जस्तै छ। समग्रमा, टिप्पणीकारहरूको राय निश्चित रूपमा यस आधारलाई वास्तविकताबाट टाढा लैजान्छ।)

यी सबै अवस्थामा जति सक्दो चाँडो जग्गा त्याग्नुपर्छ। त्यहाँ कहिल्यै फर्कनु हुँदैन।

16. हामी त्यस्ता ठाउँहरूबाट टाढै बस्दा पनि शत्रुलाई समस्यामा पार्नका लागि त्यस्ता ठाउँहरूमा लोभ्याउने प्रयास गर्नुपर्छ। जब यस्ता ठाउँहरू हाम्रो अगाडि हुन्छन्, हामीले तिनीहरूलाई शत्रुको पछाडि राख्ने प्रयास गर्नुपर्छ।

17. यदि तपाईंको शिविर वरपर कुनै पहाडी क्षेत्र, अग्लो घाँसले घेरिएको पोखरी, उखु वा उखुले भरिएको खोक्रो उपत्यका वा झाडीहरूले ढाकेको जङ्गल छ भने त्यसलाई होसियारीपूर्वक सफा गरी सम्पूर्ण क्षेत्रको खोजी गर्नुपर्छ, किनभने त्यस्ता ठाउँहरूमा विपक्षीहरूले आक्रमण गर्ने वा विश्वासघाती जासुसहरू वरिपरि लुकेर बस्ने उच्च सम्भावना हुन्छ।

(चांग-यूले आफ्नो नोटमा भनेका छन्, हामीले हाम्रा कमजोरीहरूमा गोप्य रूपमा जासुसी गर्ने र हाम्रा निर्देशनहरूलाई बेवास्ता गर्ने विश्वासघातीहरूबाट पनि सावधान रहनुपर्छ।)

18. जब शत्रु तपाईंको धेरै नजिक छ र चुपचाप बसिरहेको छ, उसले आफ्नो स्थितिको प्राकृतिक शक्तिमा भर परेको छ।

(यहाँ संकेतहरू पढेपछि सुन-जूको टिप्पणी सुरु हुन्छ, जसमध्ये धेरै जसो राम्रो छ यो लगभग जनरल बैडेन-पावेलको आधुनिक युद्ध पुस्तिकामा समावेश गर्न सकिन्छ।)

19. जब ऊ छेउमा रहन्छ र सेनाहरूलाई युद्ध गर्न उक्साउने प्रयास गर्दछ, ऊ
     अर्को पक्ष कहिले अगाडि बढ्छ भनेर चिन्तित छ।

     (सायद हामी बलियो स्थितिमा भएकाले उसले हामीलाई हटाउन
     चाहन्छ। तु-मू भन्छन्, यदि ऊ हाम्रो नजिक आयो र हामीलाई युद्ध
     लड्न बाध्य बनायो भने, हामीले उसको उत्तेजकतामा आउनु हुँदैन। यदि
     हामी उसको यदि हामी उक्साइमा संलग्न भयौं भने, उसले हामीलाई
     तुच्छ देख्रेछ र हामीलाई चुनौती दिने वा प्रतिक्रिया दिने सम्भावना कम
     हुनेछ।)

20. यदि यो विपक्षी शिविरमा पुग्न सजिलो छ भने, यसको मतलब उसले
     हामीलाई प्रलोभन दिइरहेको छ।

21. यदि अचानक जंगलमा कुनै प्रकारको गतिविधिको संकेत देखियो भने,
     यसको मतलब शत्रु अगाडि बढिरहेको छ।

     (त्साओ-कुङले यसलाई बाटो खाली गर्न रूखहरू काट्नुको
     रूपमा हेर्छन्, जबकि चाङ-यू भन्छन्, प्रत्येक सेनापतिले आफ्ना
     सिपाहीहरूलाई उच्च स्थानहरूमा चढ्न र दुश्मनमाथि नजर राख्न
     पठाउँछन्। यदि कुनै सिपाहीले जंगलमा रूखहरू हल्लिरहेको देख्यो
     भने उसले शत्रु सेनालाई बाटो खुलाउन रूखहरू काटिएको हो भनी
     बुझ्छ।)

     बाक्लो घाँसको बिचमा धेरै प्रकारका छायाँ वा झारहरू देख्रुको अर्थ शत्रुले
     हामीलाई शंकामा फँसाउन चाहन्छ।

     (त्साओ-कुङबाट लिइएको तु-यूको व्याख्या यस प्रकार छ: बाक्लो
     घाँसको बिचमा पर्दा वा हेज राख्नु भनेको शत्रु भागेको हो। तु-यू भन्छन्,
     दौडिरहेको सिपाहीको पछि नलाग। यहाँ एम्बुसमा बस्नु भएको भ्रम
     होस् भनेर यी एम्बुसहरू राखिएको भनेर उनी भन्छन्।)

22. कुनै ठाउँमा चराहरूको अचानक उड्नु शत्रुहरूले आक्रमण गरेको संकेत
     हो।

     (चांग-यूको व्याख्या निस्सन्देह सही छ। जब सीधा रेखामा उड्ने
     चराहरू अचानक माथितिर उड्न थाल्छन्, यसको मतलब सिपाहीहरू
     तल घात लगाएर बसिरहेका छन्।)

चकित भएका जनावरहरू वा यता उता दौडिएका जनावरले शत्रुले अचानक आक्रमण हुन लागेको संकेत गर्छन्।

23.　धुलो माथि उठ्दाको अर्थ रथको आगमनको संकेत हो। जब धुलो कम हुन्छ र फराकिलो क्षेत्रमा फैलिन्छ, यो पैदल सेनाको आगमनको संकेत हो। धेरै दिशामा उकालो लाग्दा दलहरू दाउरा लिन गएको देखाउँछ। यदि धुलोका केही बादलहरू यता उता घुमिरहेका छन् भने यसको अर्थ सेनाले क्याम्पिङ गरेको हो।

(अग्लो र ठाडो चुचुरो चढ्नु पक्कै पनि केही हदसम्म उचित हुँदैन। समालोचकहरूले यस घटनालाई यसो भन्दै व्याख्या गर्छन् कि घोडा र रथहरू, सिपाहीहरू भन्दा भारी भएकाले धेरै धूलो उठाउँछन्। यसको अर्को कारण यो हो कि रथका पाङ्ग्राहरू एउटै लाइनमा हिँड्छन्, जबकि पैदल सिपाहीहरू रैंक अनुसार धेरै भागहरूमा विभाजित हुन्छन्। चाङ-यूका अनुसार, मार्चको समयमा प्रत्येक सिपाहीसँग पहिले नै आ-आफ्नो दूरबीन हुनुपर्छ, जो टाढाबाट दुश्मनले उडाएको धुलो देखेर फर्केर आफ्नो सेनापतिलाई रिपोर्ट गर्नेछन्। जनरल बैडेन-पावेल भन्छन्, जब तपाईं शत्रुको इलाकामा अगाडि बढ्नुहुन्छ, तपाईंको आँखा शत्रु वा उसको कुनै पनि संकेतमा केन्द्रित हुनुपर्छ। यी संकेतहरू उड्ने धुलो, उड्ने चराहरू, हतियारको चमक आदि हुन सक्छन्।)

विभिन्न दिशाबाट धुलो उडेको देख्दा दाउरा सङ्कलन गर्न सेना पठाइएको देखिन्छ। यता उता उडिरहेको धुलोको बादलले सेना क्याम्प बसेको संकेत गर्छ।

(चांग-यू भन्छन् कि शिविरको रक्षा गर्न, यसलाई धेरै भागहरूमा विभाजन गर्नुपर्छ। स्थितिको सर्वेक्षण गर्न र यसको परिधि वरिपरि कमजोर र बलियो बिन्दुहरू पत्ता लगाउन थोरै संख्यामा घोडाहरू पठाउनुपर्छ। धुलोको थोरै मात्राले घोडाहरूको गतिलाई असर गर्छ।)

24.　दयालु शब्दहरू र विरोधीहरूबाट बढेको तयारी शत्रुले आक्रमण गर्न लागेको संकेत हो।

(तु-मू भन्छन्, मानौं तिनीहरू डरले हामीबाट टाढा उभिरहेका छन्। तिनीहरूको उद्देश्य हामीलाई अपमानजनक र लापरवाह बनाउनु हो, ताकि तिनीहरूले एउटा योजनाको भागको रूपमा हामीलाई पछि

आक्रमण गर्न सकून्। चाङ-यूले येनको सेना विरुद्ध ची-मोको तियेन-टैनको कथालाई औँल्याउँछ, जसको नेतृत्व ची-चीहले गरेका थिए। शिह-ची भन्छन्, तियेन-टैन खुलेआम स्वीकार्छन्, भन्छन् कि मेरो एउटै डर छ कि येन सेनाले चीका कैदीहरूको पङ्क्तिलाई निकास गर्न सक्छ र उनीहरूलाई हामी विरुद्ध लड्न अग्रपंक्तिमा राख्छ। यसले हाम्रो सहरको विनाश निम्त्याउनेछ। यसलाई पनि सुझावको रुपमा लिन सकिन्छ। सहरभित्र आफ्ना साथीहरूलाई यसरी विकृत भएको देखेर मानिसहरू क्रोधित भए र उनीहरू पनि शत्रुको हातमा पर्न सक्छन् भन्ने डरले आफूलाई बचाउन पहिलेभन्दा धेरै दृढ भए। एक पटक फेरि तियेन-टानले योजना पछ्याउँदै जासूसहरूलाई फिर्ता पठाए, जसले यी तयारीहरूको शत्रुलाई गलत जानकारी दिए। उनी भन्छन् कि मलाई सबैभन्दा डर लाग्ने कुरा के हो भने येनका मानिसहरूले सहर बाहिरका सबै चीजहरू नष्ट गर्नेछन्, हाम्रा पुर्खाहरूको चिहानसमेत खन्नेछन्। यसपछि तियेन-टैनका मानिसहरूले तुरुन्तै सबै चिहानहरू खने र त्यसमा राखिएका शवहरूलाई जलाए। सहरभित्रै जनताको आक्रोश देखेर ची-मोका बासिन्दाहरू हर्षले भरिएका थिए। पहिले ऊ रोयो र त्यसपछि लड्न अधीर भयो, उनको रिस दस गुणा बढ्यो। त्यसपछि तियेन-टैनलाई थाहा थियो कि उनका सिपाहीहरू कुनै पनि परिस्थितिको सामना गर्न तयार छन्। तियेन-टैनले आफ्नो हातमा तरवारको सट्टा दोधारे कुदाल लिए र बाँकीलाई आफ्ना उत्कृष्ट योद्धाहरूमा बाँड्न आदेश दिए। त्यसपछि, उनले बाँकी सबै राशन दिए र आफ्ना मानिसहरूलाई तिनीहरूको पेट भरेर खान भने। नियमित सैनिकहरूलाई त्यहाँबाट टाढा रहन भनियो। वृद्ध र कमजोर पुरुष र महिलाहरूलाई किल्ला भित्र राखिएको थियो र कुनै पनि परिस्थितिको लागि तयार रहन भनियो। यसपछि, आत्मसमर्पणका सर्तहरू लागू गर्न शत्रु शिविरमा सन्देशवाहकहरू पठाइयो, जसमा येनको सेनाले खुशीले कराउन थाल्यो। तियेन-टैनले मानिसहरूबाट 20,000 औंस चाँदी सङ्कलन गरे र ची-मोका धनी नागरिकहरूलाई येनको सेनापतिलाई पठाए। उनले चाँदी स्वीकार गर्न प्रार्थनापूर्वक अनुरोध गरे र आत्मसमर्पण गरेपछि सहरमा कुनै विनाश नहोस् भनी शर्त राखे। उहाँले तिनीहरूको घर लुट्न दिनुहुन्न र महिलाहरूलाई दुर्व्यवहार गर्न दिनुहुन्न। ची-चीहले उनको अनुरोधलाई हास्यको रूपमा स्वीकार गरे।

यसपछि उनको सेना शिथिल र लापरवाह भयो। यसैबिच, तियेन-टैनले एक हजार गोरुहरू जम्मा गरे, तिनीहरूलाई रातो रेशमका टुक्राहरूले सजाइदिए, तिनीहरूको शरीरलाई ड्रेगनजस्तै रंगीन धारहरू लगाए, तिनीहरूको सिङ्हरूमा धारिलो ब्लेड लगाए र तिनीहरूको पुच्छरलाई राम्रोसँग चिल्लो पारे। जब रात पर्‍यो, उसले गाईको बथानलाई शत्रुको छाउनी तिर लग्यो। गोरुहरूले पर्खाल भत्काए। तियेन-टैनले 5000 चुनिएका योद्धाहरूसँग पछाडिबाट आक्रमण गर्‍यो। आगोको पीडाले स्तब्ध भएका जनावरहरू शत्रुको छाउनीमा प्रवेश गरे र क्रोधित भए र सबै चीज नष्ट गरे। वरिपरि आएका सबै मारिए। येनको सेनामा त्रास फैलियो। चीका मानिसहरूले उनीहरूलाई तातो पछ्याए। तियेन-टैनका सेनापति ची-चीहलाई मार्न सफल भए र धेरै संघर्ष पछि उनीहरूले युद्ध जितेका थिए।)

हिंस्रक भाषा र आक्रमण गर्न अगाडि बढ्नु उसले पछि हट्न लागेको संकेत हो।

25.　जब हल्का रथहरू पहिले आउँछन् र कुनाहरूमा आफ्नो स्थानहरू लिन्छन्, यो संकेत हो कि शत्रुले युद्धको लागि चक्रव्यूह रचना गर्दैछ।

26.　शत्रुको तर्फबाट कुनै कसम सम्झौता बिना शान्ति प्रस्ताव षड्यन्त्रको संकेत हो।

(यहाँ कथन अनिश्चित छ। ली-चुआनले यहाँ शपथ वा बन्धककहरूलाई रिहा गर्ने शर्तद्वारा अनुमोदन गरिएको सन्धिलाई जनाउँछ। अर्कोतर्फ, वांग-ह्सी र चांग-यू, यसलाई कुनै कारण वा कमजोर बहानाको रूपमा लिन्छन्।)

27.　युद्धको मैदानमा धेरै दौडिरहेको बेला,

(प्रत्येक सिपाही आ-आफ्नो सेनाको झण्डामुनि आफ्नो तोकिएको ठाउँतिर द्रुत गतिमा अघि बढिरहेको छ।)

र यदि सिपाहीहरू लाइनमा आउँछन् भने, यसको अर्थ सबैभन्दा महत्त्वपूर्ण समय आएको छ।

28.　केही सिपाहीहरू अगाडि बढिरहेका र केही सिपाहीहरू पछि हट्दै गरेको देखेपछि बुझ्नुहोस् कि प्रतिद्वन्द्वीले प्रलोभन दिँदै छ।

29. जब सैनिकहरू भालामा झुकेर उभिन्छन्, यसको मतलब तिनीहरू खानाको अभावमा कमजोर भएका छन्।

30. पानी ल्याउन पठाइएका सिपाहीहरूले बोक्ने अघि पानी आफै पिए भने सेना तिर्खाएको हो, पानीको अभावमा पिडित भएको हुन् भन्ने बुझिन्छ।

(तु-मू टिप्पणीको रूपमा, कुनै पनि विरोधीले एक सिपाहीको व्यवहारबाट सम्पूर्ण सेनाको अवस्था सिक्न सक्छ।)

31. यदि शत्रुले फाइदा लिन सक्छ भनी देखे पनि मौकाको फाइदा उठाउन कुनै प्रयास गर्दैन भने, यसको मतलब सिपाहीहरू थकित छन्।

32. यदि चराहरू एक ठाउँमा भेला हुन्छन् भने, यसको मतलब त्यहाँ कोही छैन।

(मनमा राख्नको लागि उपयोगी तथ्य। उदाहरणका लागि, चेन-हाओले भनेजस्तै, शत्रुले गोप्य रूपमा आफ्नो शिविरलाई छोडेको छ, ध्वस्त पारेको छ। यही कारणले त्यहाँ नदेखेका पशुपक्षी पनि अहिले त्यहाँ देखिन थालेका छन्।)

रातको कोलाहलले आतंकको संकेत गर्दछ।

33. शिविरमा कुनै प्रकारको अव्यवस्था छ भने, यसको मतलब सेनापतिको अधिकार कमजोर छ। राज्यका ब्यानर र झण्डा एक ठाउँबाट अर्को ठाउँमा सर्ने हो भने त्यसको अर्थ राज्यमा विद्रोह नजिकिँदै छ। यदि सेनाका सबै अधिकारीहरू आफ्नो सेनापतिसँग रिसाउँछन् भने, यसको मतलब तिनीहरू थकित छन्।

(तु-मूले यस वाक्यलाई फरक रूपमा व्याख्या गर्दछ। उनी भन्छन्, यदि सेनाका सबै अधिकारीहरू आफ्नो सेनापतिसँग रिसाउँछन् भने, यसको मतलब तिनीहरू धेरै मेहनतले थकित छन्। सेनापतिले उनीहरूलाई अभ्यासको नाममा वा मार्चको नाममा अलिकति पनि आराम गर्न दिएन।)

34. जब सेनाले आफ्ना घोडाहरूलाई अन्न खुवाउँछ र खानाको लागि गाईवस्तु मार्छ,

(किनभने, सामान्य परिस्थितिमा, सैनिकहरूले अन्न खान्छन् र घोडाहरूले घाँस खान्छन्।)

र जब मानिसहरूले आफ्नो खाना पकाउने भाँडाहरू चुलोमा राख्दैनन्, यो एउटा गम्भीर संकेत हो। यसले सिपाहीहरू आफ्नो पालमा नफर्किने संकेत गर्छ अर्थात् अन्तिम साससम्म लड्ने संकल्प गरेका छन्।

(१ म यहाँ हौ-हान-शू द्वारा दिइएको उदाहरण उद्धृत गर्न चाहन्छु, जस्तै पेई-वेन-फू द्वारा संक्षेपमा दिइएको छ। लिआङका विद्रोही वाङ-कूले चोङ्त्साङ सहरलाई घेरा हालेका थिए। हुआङ-फू सुङ, जो चोङ्त्साङका सर्वोच्च अधिकारी थिए, र तुङ-चोलाई वाङ-कूका विरुद्ध पठाइएको थियो। तुङ-चोले हुआङ-फू त्सुङलाई हतारमा कदम चाल्न दबाब दिए तर सुङले उनको सल्लाहलाई वास्ता गरेनन्। अन्ततः विद्रोहीहरू पूरै थकित भए र आफ्ना हतियारहरू फाल्न थाले। सुङ आक्रमण गर्न अगाडि बढिरहेका थिएनन्। यसका लागि, तुङ-चोले भने, यो युद्धको सिद्धान्त हो, खाली गरिएको सेनालाई पछ्याउँदैन र पछि हटिरहेको मेजबानलाई दबाब दिनु हुँदैन। यो यहाँ लागू हुँदैन, सुङले जवाफ दिए। सुङले भने, 'म जसलाई आक्रमण गर्न जाँदैछु त्यो थकित सेना हो, पछाडी हट्ने मेजबान होइन। अनुशासित सिपाहीहरूसँग म अव्यवस्थित भीडलाई आक्रमण गर्न जाँदैछु, हताश सिपाहीहरूको एउटा समूहमा होइन। यसपछि सुङले तुङ-चोसँग मिलेर आक्रमण गर्न अघि बढे र शत्रुका छ जनालाई परास्त गर्दा वाङ-कू मारिए।)

35. यदि सिपाहीहरूले सानो समूह बनाएर आपसमा कानाफूसी गरे वा शान्त स्वरमा कुरा गरेको देखियो भने यो सिपाहीहरू बिचको आक्रोशको संकेत हो।

36. यदि कुनै राज्यले आफ्ना सैनिकहरूलाई धेरै पुरस्कार बाँड्छ भने, यो शत्रु आफ्नो स्रोतको अन्तिम स्तरमा रहेको संकेत हो।

(किनकि, जब सेनालाई जबरजस्ती दबाउने चेष्टा गरिन्छ, तु-मूले भनेजस्तै, त्यहाँ सधैँ विद्रोहको डर हुन्छ। सेनाको मनोबल सुधार गर्न यो अवार्ड दिइएको हो। सिपाहीहरूले विद्रोह नगर्नका लागि पुरस्कार दिइन्छ।)

धेरै सजायले सेनामा गम्भीर समस्या निम्त्याउँछ।

(किनभने त्यस्ता अवस्थामा अनुशासन ढिलो हुन्छ, र सैनिकहरूलाई आफ्नो कर्तव्य पूरा गर्न सामान्य भन्दा बढी कडा उपायहरू आवश्यक हुन्छन्।)

37. धम्की दिएर युद्ध सुरु गर्नु, तर शत्रु सेनाका सिपाहीको संख्या देखेर डराउनु भनेको बुद्धिको चरम अभाव हो।

(यहाँ म त्साओ-कुङको व्याख्यालाई पछ्याउँछु, जसलाई ली-चुआन, तु-मू, र चाङ-यूले पनि अपनाएको छन्। अर्को सम्भावित अर्थ, तु-यू, चिया-लिन, मेई-ताओ-चेन र वांग-ह्सी द्वारा निर्धारण गरिएको, सेनापति हो जसले आफ्ना सिपाहीहरूप्रति अत्याचारी हुन्छ, जसको विरुद्धमा सेनाले विद्रोह गर्न सक्छ।)

38. जब सन्देशवाहकहरू तिनीहरूको प्रशंसाका साथ पठाइन्छ, यो शत्रुले सन्धि चाहन्छ भन्ने कुराको संकेत हो।

(तु-मू भन्छन्, यदि शत्रुले मैत्रीपूर्ण सम्बन्ध स्थापना गर्न स्वतन्त्र रूपमा बन्धकहरूलाई छोड्दैछ भने, यो उनीहरू युद्धविरामको बारेमा सोचिरहेका छन् भन्ने संकेत हो। यसको अर्थ या त उनीहरुको शक्ति समाप्त भएको छ वा कुनै अन्य कारणले। तर, यस्तो स्पष्ट निष्कर्ष निकाल्नको लागि सुन-जूलाको सायदै कुनै सुन-जूको आवश्यकता पर्दछ।)

39. यदि शत्रुको सेना क्रोधित भएर अगाडि बढ्छ र लडाईं सुरु नगरी वा पछि नहटी लामो समयसम्म हाम्रो अगाडि खडा रहन्छ भने यो अवस्थामा अत्यन्तै सावधानी र सतर्कताको बस्नुपर्ने आवश्यकता हुन्छ।

(त्साओ-कुङ भन्छन् कि यस्तो चाल अप्रत्याशित रूपमा पछाडि वा घातक रूपमा आक्रमण गर्न एक चाल हुन सक्छ। शत्रु सही क्षणको लागि मात्र पर्खिरहेको हुन्छ।)

40. यदि हाम्रा सिपाहीहरू शत्रुको तुलनामा कम संख्यामा छन् भने, यसको मतलब यो मात्र हो कि हामी उनीहरूलाई प्रत्यक्ष रूपमा आक्रमण गर्न सक्दैनौं। हामीले के गर्न सक्छौं हाम्रा सबै उपलब्ध सेनाहरूलाई केन्द्रित गर्न, शत्रुलाई नजिकबाट नियाल्ने र थप सेना वा सुदृढीकरणहरू सुरक्षित गर्ने बारे सोच्ने हो।

(वास्तवमा, कुनै पनि सेनापति त्यति स्मार्ट हुँदैन। अर्थात्, चेडको रणनीति र उनको सामुन्नेबाट आक्रमण गर्ने शैलीदेखि जोग्गिनु पर्दछ। बरु, छलको सहारा लिनु पर्छ।)

हामीले के गर्न सक्छौं भने हाम्रा सबै उपलब्ध सेनाहरूलाई एउटै लक्ष्यमा केन्द्रित गर्नु, शत्रुलाई नजिकबाट नियाल्ने र बलियो बनाउन जोड दिनु हो।

(यो एक अस्पष्ट वाक्य हो, र कुनै पनि टिप्पणीकारले यसको सही अर्थ बुझ्न सकेको छैन। म ली-चुआनलाई पछ्याउँछु, जसले सबैभन्दा सरल व्याख्या प्रदान गर्दछ, यसो भन्दै कि ठुलो सेना भएको पक्षले मात्र जित्छ। सौभाग्यवश हामीसँग यसको अर्थ के हो भनेर स्पष्ट गर्न चाङ-यूको स्पष्ट व्याख्या छ। उनीहरू भन्छन्, जब दुवै पक्षका सिपाहीको सङ्ख्या बराबर छ, र कुनै पनि परिस्थिति तपाईंलाई अनुकूल छैन, तब हामी आक्रमण गर्न सक्दैनौँ। हामी हाम्रा सहयोगीहरूलाई थप सेना पठाउन भन्न सक्छौं। आफ्नो सेनाको शक्तिमा ध्यान केन्द्रित गरेर र शत्रुलाई नजिकको नजर राखेर, तपाईँ आफ्नो प्रतिद्वन्द्वीबाट विजय खोस्ने प्रयास गर्न सक्नुहुन्छ। तर, हामीले हामीलाई मद्दत गर्न बाहिरी सिपाहीहरू लिनबाट जोगिनै पर्छ। त्यसपछि उनले वेई-लियसओ-जूलाई उद्धृत गरे, बाह्य सेनाको संख्या लाखौं हुन सक्छ, तर तिनीहरूको वास्तविक शक्ति तपाईंको सेनाको आधा भन्दा बढी हुनेछैन।)

41. जसले पहिले भन्दा पहिले सोच्दैन, तर आफ्ना विरोधीहरूलाई हल्का रूपमा लिन्छ, पक्कै पनि तिनीहरूको हातमा कैदी हुनेछ।

(शत्रु राष्ट्रले तपाईंको बारेमा कहिल्यै राम्रो सोच्ने छैन, चेन-हाओ भन्छन्, त्सो-चुआनलाई उद्धृत गर्दै। यद्यपि, उसले सानो प्रतिद्वन्द्वीलाई पनि अपमानजनक व्यवहार गर्नु हुँदैन।)

42. यदि सिपाहीलाई तपाईँसँग भावनात्मक रूपमा संलग्न हुनु अघि सजाय दिइन्छ भने, तिनीहरू कहिल्यै आज्ञाकारी वा तपाईंको अधीनमा रहने छैनन्। र जबसम्म तिनीहरू विनम्र वा आज्ञाकारी हुँदैनन्, तिनीहरू व्यावहारिक रूपमा बेकार हुन्छन्। जब सैनिकहरू तपाईँसँग भावनात्मक रूपमा जोडिएका हुन्छन्, तब उनीहरूलाई सजाय दिनु पर्दैन र उनीहरूलाई सजाय दिनु आवश्यक पर्यो भने पनि राज्यको हितमा हुन्छ भन्ने ठान्छन्।

43. तसर्थ, सैनिकहरूलाई पहिले मानवीय व्यवहार गर्नुपर्छ, तर तिनीहरूलाई कडा अनुशासनद्वारा नियन्त्रणमा राख्नुपर्छ।

(येन-जु (ई.पू. 493) सु-मा-जंग-चूको बारेमा भन्छन्, कि उहाँको नागरिक गुणहरूले उहाँलाई मानिसहरूले माया गर्ने प्रिय बनायो; उनको लडाईंको कौशलले उनका शत्रुहरूलाई चकित पार्‍यो। आदर्श सेनापति, वु-जू भन्छन्, यसले राज्यको संस्कृतिलाई लडाकु स्वभावसँग मिसाउँछ, मानिसहरूलाई एकताबद्ध गर्दछ। हतियार चलाउनलाई कठोरता र कोमलताको संयोजन चाहिन्छ।)

यो जित हासिल गर्ने सबैभन्दा निश्चित तरिका हो।

44. यदि सैनिकहरू तालिमको क्रममा आदेशहरू पालन गर्न अभ्यस्त छन् भने, सेना राम्रोसँग अनुशासित हुनेछ। यदि यसो हुन सकेन भने सेनाको अनुशासन बिग्रन्छ।

45. यदि सेनापतिले आफ्ना सिपाहीहरूलाई विश्वास गर्छ तर सधैं आफ्नो आदेश पालन गर्न जिद्दी गर्छ भने,

(तु-मू भन्छन्, शान्ति कालको समयमा सेनापतिले आफ्ना मानिसहरूलाई विश्वास गर्नुपर्दछ र आफ्नो अधिकारको पनि सम्मान गर्नुपर्दछ, ताकि उनीहरूले शत्रुसँग सामना गर्दा आदेशहरू कार्यान्वयन गर्न र अनुशासन कायम गर्न सकुन्, किनकि सबैले तपाईंलाई विश्वास गर्छन् र त्यसलाई महसुस गर्छन्। सुन-जूले 44 मा भनेझैं, यदि एक सेनापतिले सधैं आफ्ना आदेशहरू पूरा हुनेछन् भन्ने विश्वास गर्छ भने, उसले सधैं यस्तै केहि आशा गर्दछ।)

त्यसैले यसबाट दुवैलाई फाइदा हुनेछ।

(चांग-यू भन्छन्, सेनापतिले आफ्नो सेनालाई आदेश पालनाको गर्न विश्वास गर्छ, सिपाहीहरू आज्ञाकारी हुन्छन्, सेनापतिलाई विश्वास गर्छन्। यसबाट दुवैले आपसी लाभ लिन्छन्। उनले अध्याय 4 बाट वेइ-लियाओ-जुको वाक्य उद्धृत गरे, आदेश भनेको सानातिना गल्तीहरू सुधार्ने प्रयास होइन। यो एक प्रकारको कला हो। मनमा सानातिना शंका नगर्नुहोस्। भ्रममा नपर्नुहोस्। चंचलता र हतार सेनाको विश्वासलाई हल्लाउन पर्याप्त छ।)

X

भू-भाग

(यस अध्यायको एक तिहाइ, अध्याय 1-13 सहित, क्षेत्रसँग सम्बन्धित छ। विषयको पूर्ण विवरण अध्याय-11 मा दिइएको छ। अध्याय 14-20 मा छवटा विपत्तिहरूबारे छलफल गरिएको छ, र बाँकी अध्यायहरूमा केही कडा टिप्पणीहरू छन्।)

1. सुन-हू भन्छन्, हामी क्षेत्रहरूलाई छवटा तरिकामा वर्गीकरण गर्न सक्छौंछ,

    (1) पहुँचयोग्य भूमि;

    (मेई-याओ-चेन भन्छन्, यस प्रकारको जमिन चारैतिर सडकले जोडिएको छ र सञ्चारका साधनहरू पनि प्रशस्त मात्रामा उपलब्ध छन्।)

    (२) भ्रमित क्षेत्र;

    (टिप्पणीकार चेन भन्छन्, देशहरू एउटा जालजस्तै, जसमा तपाई फस्नुहुन्छ।)

    (3) अस्थायी भूमि;

    (भूमि जसले तपाईंछलाई कुनै पनि प्रक्रिया रोक्न वा ढिलाइ गर्न अनुमति दिन्छ।)

    (4) साँघुरो पास;

    (5) खतरनाक उचाइहरू;

(6)   शत्रुबाट धेरै दूरीमा तपाईंछको स्थिति।

(यस वर्गीकरणका कमजोरीहरू औंल्याउन सायद आवश्यक छैन। वर्गीकरणमा तार्किक अवधारणाको एउटा अनौठो अभाव देखिन्छ, जस्तै चारैतिर फैलिएको अन्धकारको बिचमा चाइनामैनको चकित पार्ने चौराहेहरूको निर्विवाद स्वीकृति।)

2.   त्यो भूमि जसको दुवैतर्फ सजिलै आउन-जान सकिन्छ त्यसलाई सुगम जमिन भनिन्छ।

3.   यस्तो झएको ठाउँमा शत्रु पुग्ने अघि पुग्नुहोस्, उच्च र घमाइलो स्थानहरू कब्जा गर्नुहोस्, र सावधानीपूर्वक आपूर्ति मार्गहरूको रक्षा गर्नुहोस्। यसबाट हामी युद्धमा आफ्नो स्थिति सुधार गर्न सक्षम हुनेछौं।

(तु-यूले भनेझैं, पक्कै पनि शत्रुलाई तपाईंको आपूर्ति मार्गहरू काट्न नदिनुहोस्। नेपोलियन भन्छन्, युद्धमा सफलताको रहस्य आपूर्तिको माध्यममा निहित छ। यस महत्त्वपूर्ण विषयमा सुन-जूले गहिरो धारणा राखेका छन्। कर्नेल हेन्डरसन भन्छन्, सेनाको अस्तित्वका लागि आपूर्ति मार्ग त्यति नै महत्वपूर्ण छ, जति मानव जीवनको मुटु हो। कुनै पनि कमाण्डरले आफूलाई भाग्यमानी मान्न सक्छ, उनी भन्छन्, यदि उसले आफ्ना सबै योजनाहरू बिचमा परिवर्तन गर्नुपर्दैन। आपूर्ति मार्गहरू राम्रो राख्न प्रयास गर्नुहोस्। मार्चको लागि आफ्नो सेनालाई कम वा कम वा फरक टुक्राहरूमा विभाजन गर्नुहोस्। जमिनमा लड्न कम सिपाहीहरू तयार गर्नुहोस्, ताकि कम समयमा पनि युद्धको तयारी राम्रो हुन सक्छ। हार सामान्य असफलता होइन, तर यसले सम्पूर्ण सेनाको विनाश वा आत्मसमर्पण गर्न नेतृत्व गर्दछ।)

4.   जुन जग्गा छाड्न मिल्छ तर पुनः कब्जा गर्न गाह्रो हुन्छ, त्यस्ता जग्गालाई टाँग्रे भूमि भनिन्छ।

5.   यदि शत्रु तयार छैन भने, तपाईं तुरुन्तै अगाडि बढ्न सक्नुहुन्छ र उसमाथि आक्रमण गर्न सक्नुहुन्छ र पराजित गर्न सक्नुहुन्छ। तर, यदि शत्रु तपाईंको आक्रमणको लागि तयार छ, र तपाईं उसलाई पराजित गर्न असफल हुनुभयो भने, तपाईंको फर्कन असम्भव छ। विपत्ति आउनेछ।

6.   जब स्थिति यस्तो हुन्छ कि दुई पक्ष मध्ये कुनै एकले पहिलो कदम चाल्छ, र कुनै पनि पक्षलाई फाइदा छैन, तब यसलाई अनिश्चित भूमि भनिन्छ।

(तु-मू भन्छन्, प्रत्येक पक्षले पहिलो कदम चाल्न असुविधाजनक पाउँछ र यसले गतिरोध निम्त्याउँछ।)

7. यस्तो अवस्थामा शत्रुले हामीलाई कुनै किसिमको आकर्षक प्रलोभन दिएमा,

(तु-यू भन्छन्, प्रतिद्वन्द्वी पीठ देखाएर भाग्छ भने त्यो पनि नाटक हुन सक्छ। यसले हामीलाई हाम्रो ठाउँ छोड्न प्रलोभन दिन सक्छ।)

त्यसो भए पनि अगाडि बढ्नु होइन, पछाडि सर्ने सल्लाह दिइन्छ। यस पटक, तपाईँले शत्रुलाई प्रलोभन दिनुहुन्छ। त्यसपछि जब उनको सेनाको एक भाग अगाडि आउँछ, हामी मौका देख्ने वित्तिकै आक्रमण गर्न सक्छौं।

8. यदि तपाईँले पहिले साँघुरो बाटोहरू कब्जा गर्न सक्नुहुन्छ, त्यसपछि तिनीहरूलाई कब्जा गरेपछि, तिनीहरूलाई घेर्नुहोस् र तिनीहरूको कडा सुरक्षा गर्नुहोस् र शत्रु आउनको लागि पर्खनुहोस्।

(किनभने, तु-यूले देखेझैँ, पहल हामीसँग हुनेछ र हामीले अचानक र अप्रत्याशित आक्रमण गरेर शत्रुलाई चकित पार्नेछौँ र त्यसपछि शत्रुले हाम्रो खुट्टामा झुक्नेछ र हामीसँग दयाको याचना गर्नेछ।)

9. यदि शत्रु सेनाले तपाईँलाई साँघुरो बाटो कब्जा गर्नबाट रोक्छ भने, त्यसको पछि नलाग्नुहोस्, यो बाटो पूर्ण रूपमा घेरिएको हुन सक्छ। शत्रु कमजोर छ र घेराबन्दी छैन भनी निश्चित हुँदा मात्र उहाँको पछि लाग्नुहोस्।

10. जहाँसम्म उचाइको सवाल छ, यदि तपाईँ आफ्नो प्रतिद्वन्द्वीको अगाडि आइपुग्नु भयो भने, तपाईँले उच्च र घमाइलो ठाउँहरू कब्जा गर्नुपर्छ र त्यसपछि उहाँ त्यहाँ पुग्नको लागि पर्खनुहोस्।

(त्साओ-कुङ भन्छन्, उचाइ प्राप्त गर्नुको विशेष फाइदा भनेको शत्रुले तपाईँलाई कहिल्यै जित्न सक्नेछैन। तपाईँको कुनै पनि काम तपाईँको विपक्षी द्वारा निर्देशित हुनेछैन। (दिएको महान सिद्धान्तको व्याख्याको लागि, अध्याय- 6 2 हेर्नुहोस्) चाङ-यूले एउटा घटना बताउँछन्, पेई सिङ-चिएन (619-682 ईस्वी) तुर्की जनजातिहरूलाई दबाउन पठाइएको थियो। हिँड्दै गर्दा रात भयो, तिनीहरूले आफ्नो छाउनी स्थापना गरे र वरिपरि पर्खाल र खाल्डो बनाए। क्यान्टोनमेन्ट पूर्ण रूपमा सुरक्षित थियो। अचानक उनले सिपाहीहरूलाई नजिकैको

पहाडमा पाल टाँग्र आदेश दिए। क्यान्टोनमेन्ट स्थापना भएपछि अर्को ठाउँमा पाल टाँस्नु सैनिक अधिकारीहरूलाई मन नपर्ने कुरा थियो र उनीहरूले यसको विरोध गरे। यसले सिपाहीहरूलाई थप थकित बनाउने उनले बताए। तर, सिङ चिएनले यसमा कुनै ध्यान दिएनन् र आफ्नो छाउनी पहाडमा सारियो। त्यही रात ठुलो आँधी आयो र पहिले शिविर बनाएको ठाउँ बारह फिट पानीमा डुबेको थियो। यो देखेर विरोध गर्ने अधिकारीहरु छक्क परे। उसले आफ्नो गल्ती स्वीकार गर्‍यो।

उनले सिंग - चिएनलाई सोधे, तिमीलाई कसरी थाहा भयो कि आँधी आउँदैछ? यसमा, सिंग-चियनले कडा जवाफ दिए, "अझै अनावश्यक प्रश्नहरू नगरी आदेशहरू पालना गर्नुहोस्।" यसरी हामी देख्छौं कि उच्च र घमाइलो ठाउँहरू युद्धको लागि मात्र उपयुक्त छैनन्, तर विनाशकारी बाढीबाट पनि सुरक्षा प्रदान गर्दछ।

11. यदि शत्रुले तपाईंको अगाडि उच्च भूमि कब्जा गरेको छ भने, उसको पछि नलाग्नुहोस्, तर पछि हट्नुहोस् र उसलाई लोभ्याउने प्रयास गर्नुहोस्।

621 ईस्वीमा, ली शिह-मिनको दुई विद्रोहीहरू विरुद्धको अभियानले नयाँ मोड लियो। हिसया को राजा तोउ-चिएन-ते र चेंगका राजकुमार वांग शिह-चुंगले वू-लाओको उचाइहरू ओगटेका थिए। तोउ-चिएन-ते आफ्नो सहयोगी लो-यांग लाई राहत दिन अडिग रहे। तर, ली शिह-मिनले चलाखीपूर्वक यांगलाई पराजित गरे र उनलाई कब्जा गरे।

12. यदि तपाईं शत्रुबाट धेरै टाढा हुनुहुन्छ र दुवै सेनाको बल बराबर छ भने, युद्धलाई उक्साउन सजिलो छैन।

(हामीले चिन्ता गर्नुपर्ने मुख्य कुरा भनेको लामो र थकाउने अभियान हो। अभियानको अन्त्यमा तु-यू भन्छन्, लामो यात्रापछि हाम्रा सैनिक थकित हुनेछन् र विरोधीहरू सक्रिय रहनेछन्। त्यस्ता विरोधीहरू विरुद्ध लड्दा हाम्रो घाटा हुनेछ।)

13. यी छवटा सिद्धान्तहरू पृथ्वीसँग सम्बन्धित छन्।

(वा सायद, जमीन सिद्धान्त हेर्नुहोस्।) जिम्मेवारी सम्हालेका जनरलहरूले अध्ययनमा ध्यान दिनु पर्छ।

14. त्यहाँ अन्य छवटा समस्याहरू छन्, जुन प्राकृतिक कारणले होइन, तर

सेनापतिको गल्तीले आउँछ। यी हुन् (1) भागदौड, (2) अवज्ञा, (3) हिम्मत हार्नु, (4) विनाश, (5) अराजकता, (6) पराजय।

15. अन्य सर्तहरू बराबर भएमा, यदि कुनै सेनालाई आफ्नो आकारको दश गुणा सेनाको विरूद्ध खडा गरियो भने, पहिलो सेना भाग्नेछ।

16. जब सामान्य सिपाहीहरू धेरै शक्तिशाली हुन्छन् र तिनीहरूका अधिकारीहरू धेरै कमजोर हुन्छन्, यसले सिपाहीहरूको अवज्ञामा परिणाम दिन्छ। अर्थात्, सिपाहीहरूले अधिकारीहरूको आदेश उल्लङ्घन गर्छन्।

(तु-मू ले तिएन-पुको एउटा घटना उद्धृत गर्दछ, जसलाई 821 ईस्वीमा वेईमा पठाइएको थियो। उनलाई वाङ-टिङ-त्सुको विरुद्धमा सेनाको नेतृत्व गर्न आदेश दिइएको थियो। उनी अधिकारी रहँदा उनको सिपाहीहरूले उनीसँग धेरै नराम्रो व्यवहार गरे। र तिनलाई गधा भनेर शिविरको वरिपरि घुमाए, केही महिना बितिसक्दा पनि तिएन-पुले यो व्यवहार रोक्न सकेनन्। जब तिएन-पुले शत्रुलाई घेर्ने प्रयास गरे, सेनाले समर्थन गरेन र चारैतिर छरिए पछि दुर्भाग्यपूर्ण तिएन-पुले आफ्नो घाँटी काटेर आत्महत्या गरे।)

यसको विपरीत, जब अधिकारीहरू धेरै बलियो हुन्छन् र सामान्य सिपाहीहरू धेरै कमजोर हुन्छन्, परिणाम सिपाहीहरू हिम्मत हार्छन्।

(त्साओ-कुङ भन्छन्, ऊर्जावान अधिकारीहरू सधैँ आफ्नो शक्ति देखाउन चाहन्छन्, सामान्य सैनिकहरू कमजोर छन्, सहन सक्दैनन् र साहस हार्छन्।)

17. जब वरिष्ठ अधिकारीहरू क्रोधित र अवज्ञाकारी हुन्छन्, र द्वेषले गर्दा, सानापतिबाट आदेश प्राप्त गर्नु अघि, आफ्नै स्वतन्त्र इच्छाको युद्ध सुरु हुन्छ, परिणाम विनाशकारी हुन्छ। सेनापतिले आफू लड्न सक्ने अवस्थामा छ वा छैन भनी घोषणा गर्न पनि तिनीहरू पर्खिदैनन्।

(वांग-ह्सीको नोट, यसको मतलब सेनापकि बिना कारण क्रोधित छ र एकै समयमा आफ्नो मातहतका अधिकारीहरूको क्षमताको कदर गर्दैन। यसरी उसले भयंकर आक्रोश पैदा गर्छ र आफ्नो निधारमा विनाशको दाग ल्याउँछ।)

18. सेनापति कमजोर र शक्तिहीन हुन्छ जब उसको आदेश स्पष्ट र विशिष्ट हुँदैन,

(वेई-लियाओ-त्जु (अध्याय 4) भन्छन्, यदि सेनापतिले निर्णयका साथ आफ्नो आदेश दिन्छ भने, सिपाहीहरूले तिनीहरूलाई सुन्न दुई पटक पर्खने छैनन्। यदि उसको कार्य बिना हिचकिचाहट हो भने, सैनिकहरूले आफ्नो काम गर्दा दुई कुरा दिमागमा राख्दैनन्। जनरल ब्याडेन-पावेल भन्छन् फूल फुल्ने कला प्रशिक्षित सिपाहीहरूलाई सफल कार्य गर्न प्राप्त गर्ने रहस्य उनीहरूलाई दिइएको निर्देशनहरूको स्पष्टतामा निहित छ। अध्याय-3 मा वु-जू भन्छन्, सेनापतिको सबैभन्दा घातक दोष हो। सेनाको लागि सबैभन्दा खराब समस्या हिचकिचाहटबाट उत्पन्न हुन्छ।)

जब अधिकारी र सिपाहीहरूको काम निर्धारित छैन।

(तु-मू भन्छन्, न त अधिकारीहरू न त पुरुषहरूसँग कुनै नियमित प्रेम सम्बन्ध छ।)

जब अधिकारी र सिपाहीहरूलाई निश्चित कर्तव्यहरू तोकिएको छैन र पदहरू जथाभावी रूपमा तोकिएको छ, परिणाम पूर्ण अराजकता हो।

19. जब कुनै सेनापतिले शत्रुको शक्ति अनुमान गर्न असमर्थ हुन्छ र सानो सेनालाई ठुलो सेनासँग लड्न अनुमति दिन्छ, वा कमजोर सेनालाई बलियो र अग्रपंक्तिमा राखिएको छनोट गरिएको सेनालाई बेवास्ता गर्छ भने, नतिजा हार हुनेछ।

(चांग-यू ले वाक्यको पछिल्लो भागको व्याख्या गर्दै भने, जब पनि त्यहाँ झगडा हुन्छ। त्यसैले हाम्रा सबैभन्दा जोसिलो र बलियो सिपाहीहरू फ्रन्ट लाइनमा तैनाथ हुनुपर्छ। यसले शत्रुलाई निरुत्साहित गर्नेछ। हाम्रा सैनिकहरूको संकल्प बलियो हुनेछ र शत्रुको मनोबल घट्नेछ।)

20. यी हार निमन्त्रणा गर्ने छवटा तरिकाहरू छन्, जसमा जिम्मेवार सेनापतिले ध्यान दिनुपर्छ।

21. देशको प्राकृतिक संरचना सिपाहीको सबैभन्दा राम्रो सहयोगी हो,

(चेन-हाओ भन्छन्, कि मौसम र मौसमका फाइदाहरू समतल भूमिसँग सम्बन्धित मानिसहरूका लागि एकरूप हुँदैनन्।)

तर प्रतिद्वन्द्वीलाई अनुमान गर्ने शक्ति, विजयको शक्तिलाई नियन्त्रण गर्ने शक्ति र कठिनाइहरू, खतराहरू र दूरीहरूलाई बुद्धिमानीपूर्वक गणना गर्ने शक्ति एक महान सेनापतिको परीक्षा हो।

22. जसले यी कुराहरू जान्दछ र आफ्नो ज्ञानलाई युद्धमा लागू गर्छ उसले उसको युद्ध जित्छ। जसले यी कुराहरू जान्दैन र अभ्यास गर्दैन उसले पक्कै पनि पराजित हुन्छ।

23. यदि युद्धको परिणाम विजय निश्चित छ भने, तपाईंले लड्नु पर्छ, शासकले तपाईंलाई लड्न निषेध गरे पनि। लडाईं गरेर जित मिल्दैन भने शासकको सल्लाहमा पनि लड्नु हुदैन।

(चिन राजवंशका हुआंग -शिह-कुङ, जो चांग- लिआंग का संरक्षक थिए र सैन-लुएह लेखेका थिए, यी शब्दहरूलाई सेनाको मनोबल बढाउने जिम्मेवारी हुनुपर्छ। यदि अग्रगामी वा पछि हट्नेलाई नियन्त्रणमा राखियो भने, उत्कृष्ट परिणामहरू सायदै प्राप्त हुनेछन्। त्यसैले आफूलाई सर्वोच्च र प्रबुद्ध सम्राट ठान्ने शासकले आफ्नो देशको उद्देश्यलाई अगाडि बढाउन विनम्र भूमिका खेल्नुपर्छ। जसरी रथको पांग्रा धकेल्न वा खाडलबाट निकाल्न घुँडा टेक्छ। यसको मतलब दरबार बाहिरका मामिलामा सैन्य सेनापतिको निर्णय पालना गर्नुपर्छ।)

24. सेनापति जो प्रसिद्धिको खोजी बिना अगाडि बढ्छ र अपमानको डर बिना पछि हट्छ।

(मलाई लाग्छ कि यो वेलिंग्टन थिए जसले भनेका थिए कि सिपाहीको लागि सबैभन्दा गाह्रो काम पछि हट्नु हो।)

राज्यको अर्थ आफ्नो देशको रक्षा गर्नु र आफ्नो राजाको राम्रो सेवा गर्नु हो। यो एक गहना हो।

(चिनियाँहरू उहाँलाई महान् योद्धा मान्छन्। हो-शिह भन्छन् कि उहाँ यस्तो मानिस हुनुहुन्छ कि, सजाय भोग्नुपरे तापनि उहाँ आफ्नो आचरणमा पछुताउनु पर्दैन।)

25. आफ्ना सिपाहीहरूलाई आफ्ना छोराछोरीहरू जस्तै व्यवहार गर्नुहोस्, र तिनीहरूले तपाईंलाई गहिरो उपत्यकाहरूमा पनि पछ्याउनेछन्। यदि

उनीहरूलाई आफ्नो प्यारो छोराको रुपमा हेर्नुभयो भने अन्तिम घडीसम्म साथमा रहनेछन्।

(यस सन्दर्भमा, तु-मू हाम्रो लागि प्रसिद्ध जनरल वू-ची को एक आकर्षक चित्र कोर्छन्। जसको युद्ध सम्बन्धी ग्रन्थबाट मैले प्रायः उद्धृत गर्ने अवसर पाएको छु, उनले उस्तै लुगा लगाएका थिए र आफ्ना सिपाहीहरूले जस्तै खाना खाए, उनले घोडा चढ्न वा सुत्नको लागि चटाई दिन अस्वीकार गरे, उनको बाँकी राशन प्याकेटमा बेर्‍यो र हरेक कठिनाइ आफ्ना साथीहरूसँग बाँडे। उनको एउटा सिपाही घाउँबाट पीडित थियो। वू-ची आफैले उसको सबै विष चुस्ये। यो सुनेर सिपाहीकी आमा रुन रुन थालिन्। उसलाई कसैले सोध्यो, किन रुन्छौ यसरी? तिम्रो छोरो त साधारण सिपाहीका रूपमा छ, तर पनि तिम्रो छोराको घाउँको विष सेनापतिले चुस्ये। महिलाले जवाफ दिइन्, धेरै वर्ष पहिले, भगवान-वूले मेरो श्रीमान्को लागि यस्तै सेवा गरे, जसले उहाँलाई पछि कहिल्यै छोडेनन्, र अन्ततः शत्रुको हातबाट मर्नुभयो।

र अब उसले मेरो छोरालाई पनि त्यस्तै गरेको छ, ऊ पनि लड्दै मर्नेछ। मलाई कहिले र कहाँ थाहा छैन। ली-चुआनले चाउलाई उल्लेख गरे। जसले हिउँदको समयमा हिसयाओको सानो राज्यमा आक्रमण गरे। ड्यूक अफ शेनले उनलाई भने, धेरै सिपाहीहरू चिसोका कारण गम्भीर बिरामी छन्। यसो भन्दै उनले सम्पूर्ण सेनालाई घेरेर शान्तिपूर्वक सबै सिपाहीहरूलाई सम्झाएर सान्त्वना दिएर अगाडि बढे। सिपाहीहरूले तुरुन्तै महसुस गरे कि उनीहरूले रेशमको लुगा लगाएका थिए।)

26. यद्यपि, तपाईं एक सज्जन हुनुहुन्छ, तर आफ्नो अधिकार महसुस गर्न असमर्थ हुनुहुन्छ।यदि तपाईं हृदयदेखि दयालु हुनुहुन्छ भने, तपाईं तपाईंको आदेशहरू लागू गर्न सक्नुहुन्न, र यो भन्दा बढि, यदि तपाईं विकार सुधार गर्न सक्नुहुन्न भने, तपाईंका सिपाहीहरूलाई बिग्रेका बच्चाहरूसँग तुलना गर्नुपर्छ, तिनीहरू कुनै पनि व्यावहारिक उद्देश्यको लागि बेकार हुनेछन्।

(ली-चिङ्ले एकपटक भनेका थिए कि यदि तपाईंका सिपाहीहरू तपाईंसँग डराउँछन् भने तिनीहरू शत्रुसँग डराउँदैनन्। तु-मू 219 ईस्वीमा लु-मेंग ले च्यांग-लिंगको सहर कब्जा गर्दा भएको कठोर सैन्य अनुशासनको उदाहरण सम्झन्छिन्। त्यहाँका बासिन्दाहरूलाई

न त सताइयोस् न त उनीहरूबाट जबरजस्ती केही खोसियोस् भनी उनले आफ्नो सेनालाई कडा आदेश दिए। उनले आफ्नो सेनालाई त्यहाँका बासिन्दाहरूलाई दुर्व्यवहार नगर्न र उनीहरूबाट बल प्रयोग नगर्न कडा आदेश दिएका थिए। तर यसका एक अधिकारीले पानीबाट बच्न एक बासिन्दाबाट बाँसको टोपी खोसे। लु-पेङले यो अनुशासनको विरुद्धमा भएको महसुस गरे र उनलाई मृत्युदण्ड दिए, यद्यपि उनको आँखाबाट आँसु बगिरहेको थियो। सम्पूर्ण सेना स्तब्ध भयो र त्यसपछि कुनै पनि सैनिकले अनुशासनहीन गरेन। त्यसबेलादेखि सडकमा खसेका सामान पनि उठाइएन।)

27. यदि हामीलाई थाहा छ कि हाम्रा आफ्नै मानिसहरू आक्रमण गर्न सक्ने अवस्थामा छन्, तर शत्रु आक्रमण गर्न तयार छैन भनेर अनजान छ भने, हामी विजयको आधा दूरीमा मात्र पुगेका छौं।

(यस मामलामा मुद्दा अनिश्चित छ, त्साओ-कुङ भन्छन्)

28. यदि हामीलाई थाहा छ कि शत्रु आक्रमण गर्न तयार छ, तर हाम्रा आफ्नै मानिसहरूले आक्रमण गर्न सक्ने अवस्था छैन भनेर थाहा छैन भने, हामी विजयको आधा बाटोमा मात्र पुगेका छौं।

29. यदि हामीलाई थाहा छ कि शत्रु आक्रमण गर्न तयार छ, र यो पनि थाहा छ कि हाम्रा मानिसहरू आक्रमण गर्न सक्ने अवस्थामा छन्, तर जमिनको प्रकृतिले लडाईलाई असम्भव बनाउँछ भनेर थाह छैन भने, हामी पनि आधा मात्र पुग्न सक्षम छौं। विजय को बाटोमा दूरी।

30. त्यसैले अनुभवी सिपाही, एक पटक गतिमा, भ्रमित हुँदैन; एकचोटि उसले पालको भाँडा फुटाएपछि, ऊ कहिल्यै घाटामा हुँदैन। उसले कहिल्यै गल्ती गर्दैन।

(तु-मू का अनुसार, यो किनभने उसले आफ्नो उपायहरू यति राम्रोसँग योजना गरेको छ कि जित पहिले नै निश्चित छ। उनी लापरवाही भएर हिँडैनन्। चांग-यू भन्छन्, ताकि जब ऊ हिँड्छ, उसले कुनै गल्ती गर्दैन)

31. त्यसैले भनिन्छ, यदि तपाईंले शत्रुलाई चिन्नुभयो र आफैलाई चिन्नुभयो भने, तपाईंको विजयमा कुनै शंका छैन; यदि तिमीले आकाश जान्दछौ र पृथ्वी जान्दछौं भने तिमीले आफ्नो विजय पूर्ण गर्न सक्छौ।

(ली-चुआनको सार यस प्रकार छ, तीनवटा कुराको ज्ञान दिईयो - सेनाको ज्ञान, मौसम र पृथ्वीको प्राकृतिक फाइदाहरू, विजय सधैं तपाईंको लडाईंहरूको मुकुट हुनेछ।)

XI

नौ अवस्थाहरू

1. सुन-जू भन्छन्, युद्ध कलाले निम्न प्रकारका जमिनहरू पहिचान गर्दछ: (1) फराकिलो भूमि (2) सहज भूमि (3) विवादित भूमि (4) खुला भूमि (5) राजमार्गहरू काट्ने भूमि (6)) गम्भीर आधार भएकोभूमि (7) जटिल भूमि (8) पछाडिबाट शत्रुले घेरिएको भूमि (9) आशाहीन भूमि।

2. जब एक प्रधान आफ्नो क्षेत्रमा लडिरहेको छ, यो एक विस्तार भूमि हो।

    (यसको कारण हो कि सैनिकहरू, जो आफ्नो घर नजिकै छन्, आफ्नो पत्नी र छोराछोरीलाई भेट्न आतुर छन्। यस अवस्थामा उनीहरूले युद्धको समयमा चारै दिशामा तितरबितर भएको फाइदा उठाउन सक्छन्। यस विषयमा दूरदृष्टि भएका तु-मू भन्छन् कि यसो गर्दा सैनिकहरूले अत्यन्तै निराशाजनक अवस्थामा हिम्मत कम गर्नेछन्। तिनीहरू निराश हुनेछैनन् किनभने तिनीहरूमा आश्रयको लागि ठाउँको अभाव हुनेछैन।)

3. जब तपाईं शत्रुको क्षेत्रमा प्रवेश गर्नुभयो, तर धेरै टाढा गएको छैन, यो पहुँचयोग्य भूमि हो।

    (ली-चुआन, हो-शिह र अन्य टिप्पणीकारहरूले यस विषयमा समान स्पष्टीकरण दिन्छन्। तु-मू विश्वास गर्दछन् कि जब तपाईंको सेनाले शत्रु रेखाहरू पार गर्दछ, तपाईं तपाईंको डुङ्गा र पुलहरू जलाउनुपर्छ, ताकि यो सबैलाई स्पष्ट होस् कि तपाईं जीत बिना घर फर्कने विकल्प छैन।)

4. त्यस्तो जग्गा, जसको स्वामित्वमा कुनै पनि पक्षलाई ठुलो फाइदा हुन्छ, विवादित भूमि हो।

(तु-मूले जमिनलाई संघर्षको लागि मैदान भनेर परिभाषित गर्दछ। त्साओ-कुङ भन्छन्, साँघुरो जमिनमा थोरै सिपाही भएको कमजोर सेनाले धेरै गुणा ठुलो शक्तिशाली सेनालाई पराजित गर्न सक्छ। यसरी, जमिनमा साँघुरो प्रवेश मार्ग प्रयोग गर्न सकिन्छ। केही दिनको लागि सम्पूर्ण आक्रमणकारी बललाई नियन्त्रणमा राख्न साँघुरो बाटो भन्दा राम्रो केहि छैन 385 ईस्वीमा लु-कुआंग तुर्किस्तानलाई जितेर फर्किंदै गर्दा, काओ-चांगका गभर्नर यांग-हानले उहाँसँग लड्न चाहन्थे, ली-कुआंग भखरै आएका थिए पश्चिम, यांग-हानले सल्लाह दिए कि यदि हामीले मरुभूमिमा सामना गर्‍यौँ भने, उसले फरक योजना बनाउन सल्लाह दियो। यांग-हानले भने कि हामीले पहिले काओ-वू पास कब्जा गर्छौं, जसले उसको पानी आपूर्ति बन्द गर्नेछ र जब उहाँका सिपाहीहरू तिर्खाले हताश हुन्छन्, हामी उनीहरूलाई केही नगरी हाम्रा सर्तहरूमा सहमत गराउन सक्छौं। याङ-हानले लिआंग-सीलाई सल्लाह दिए कि यदि तपाईँले काओ-वू पास धेरै टाढा फेला पार्नुभयो भने, हामी आई-वू पासमा ली-कुआंगको सामना गर्न सक्छौं। यो हाम्रो वर्तमान अवस्थाको नजिक छ। यी दुई देशहरूमा यति धेरै शक्ति छ कि शक्तिशाली सेनापतिले पनि तिनीहरूलाई जिन्न सक्दैन। लियाङ-सीले यांग-हानको सल्लाह पालन गरेनन्। नतिजा ली-कुआङको सेनाले उनलाई सजिलै पराजित गर्‍यो।)

5. सबै पक्षलाई आवतजावत गर्ने स्वतन्त्रता रहेको भूमि खुला भूमि हो।

(यस प्रकारको भूमिका लागि चिनियाँ भाषामा धेरै विशेषणहरू छन्, विभिन्न व्याख्याहरू सहित। त्साओ–कुङ्का अनुसार त्यस्ता जमिनमा सडकको सञ्जाल बिछ्याइएको छ। हो-शिहले सुझाव दिए, एक सहरबाट अर्को सहरमा आवतजावत गर्न सजिलो हुने भूमि।)

6. छेउछाउका तीन राज्य जोड्ने जमिन भनेको मुख्य सडकको चौराहेको जग्गा हो।

त्साउ-कुङ्ले यसलाई यसरी परिभाषित गरेको छन्, हाम्रो देश शत्रु देशको छेउमा छ। हामी दुवैसँग जोडिएको तेस्रो देश छ। मेङ-शिह चेङ

यहाँको उत्तर-पूर्वमा ची, पश्चिममा चिन र दक्षिणमा चुले घेरिएको सानो राज्यको उदाहरण दिन्छन्।)

जसले पहिले यसलाई कब्जा गर्छ, अधिकांश साम्राज्य उसको अधीनमा छ।

(यस प्रतिकूल पदमा बसेको व्यक्ति लडाकु हो। उसले धेरैजसो देशलाई आफ्नो सहयोगी बन्न बाध्य पार्न सक्छ।)

यो राजमार्ग जोइने भूमि हो।

7. जब कसैले धेरै किल्ला भएका सहरहरू पछाडी छोडेर शत्रुको देशमा प्रवेश गरेको छ, यो गम्भीर आधार हो।

(वांग- ह्सी यो भन्दै व्याख्या गर्छन् कि जब सेना यस्तो बिन्दुमा पुग्छ, उसको अवस्था गम्भीर हुन्छ।)

8. पहाडी जङ्गल, (वा केवल जङ्गला) ठाडो ढलान, दलदल र फिँजयुक्त क्षेत्रहरू भएको असभ्य भूभाग, सम्पूर्ण देशलाई पार गर्न गाह्रो, कठिन भूभाग हो।

९. हामी साँघुरो उप्त्यका भएर पुगेर दुर्गम घुमाउरो बाटो भएर मात्र फर्कन सक्ने जमिनलाई घेरिएको भूमि भनिन्छ। यस्तो देशमा शत्रुको सानो सेना पनि हाम्रो ठुलो सेनालाई कुचल्न पर्याप्त हुन्छ।

10. ढिलो नगरी लड्दा विनाशबाट बच्न सक्ने जमीन एकदमै आशाहीन भूमि हो।

(यस अवस्थालाई त्साओ-कुङ द्वारा यसरी वर्णन गरिएको छ। जमिन असमान छ। लडाईँ बाहेक यहाँबाट भाग्न सम्भव छैन। अगाडि अग्लो पहाड, पछाडि ठुलो खोला, अगाडि बढ्न असम्भव, पछि हट्न गाह्रो, सबै परिस्थिति प्रतिकूल छन्। चेन-हाओ भन्छन्, आशाहीन जमिनमा हुनु भनेको प्वाल परेको डुङ्गामा बस्नु वा जलेको घरमा प्रवेश गर्नु जस्तै हो। यस्तो स्थितिमा परेको सेनाको दुर्दशाको ली-चिंगलाई तु-मूले जीवन्त विवरण दिन्छन्। मानौँ, सेनाले स्थानीय गाईडको सहयोग बिना शत्रु देशमाथि आक्रमण गर्छ। यो एउटा घातक जालमा पर्नु जस्तै हो र यस्तो अवस्थामा तपाईँ शत्रुको दयामा हुनुहुन्छ। बायाँतिर ठुलो खाडल, दायाँतिर पहाड, बाटो यति खतरनाक छ कि घोडाहरू एकै ठाउँमा बाँधेर अगाडि बढ्नुपर्छ, रथहरू गुफामा लैजानुपर्छ। अगाडि बाटो खुलेको छैन। पछाडि हट्नुको विकल्प छैन, एउटै लाइनमा

अगाडि बढ्नुहोस्। शत्रु शक्तिशाली छ। सिपाहीहरूले घेरेको अघि अचानक एउटा बाटो देखिन्छ। बाटोमा अघि बढ्दा हामीले कुनै पनि पुनर्विचार गर्न सक्दैनौँ। पछि हट्न गाह्रो छ। हामीसँग शरणको ठाउँ छैन। बाँच्नको लागि उकालो लडाईं चाहिन्छ। तर पनि हामी रक्षात्मक स्थितिमा उभिएका छौँ, हामी मध्ये कसैसँग एक क्षणको पनि विश्राम छैन। यदि हामीले आफ्नो धरातललाई समाने हो भने, दिन र महिनाहरू बित्दै जानेछन्; हामीले कुनै कदम चाल्ने बित्तिकै अगाडि र पछाडिबाट शत्रुको आक्रमणको सामना गर्न सक्छौँ। देश खतरनाक जङ्गलले भरिएको छ, पानी छैन; बाँच्नको लागि आवश्यक चीजहरूको अभाव छ, घोडाहरू थाकेका छन्, सिपाहीहरू अगाडि बढ्न सक्ने अवस्थामा छैनन्। शक्ति र सीपका सबै स्रोतहरू उपलब्ध छैनन्। बाटो यति साँघुरो छ कि त्यसको रक्षा गर्ने एक जना मानिसले दश हजारभन्दा बढी तौल लिन सक्छ। रक्षाका सबै साधन शत्रुको हातमा छन्, हाम्रा हतियारहरू जफत भइसकेका छन्। यो डरलाग्दो दुर्दशामा, हामीसँग सबैभन्दा बहादुर सिपाहीहरू भए पनि, उनीहरूलाई बिना कुनै साधन कसरी काम गर्न सकिन्छ? ग्रीक इतिहासका विद्यार्थीहरूले सिसिलियन अभियानको भयावहताहरू सम्झन्छन्। निसियास र डेमोस्थेनिसको नेतृत्वमा एथेन्सीहरूको पीडाको सम्झना हुन सक्छ।

11. मानिसहरू तितरबितर हुन सक्ने भूमिमा लड्नुहोस्। सजिलो मैदानमा नरोक्नुहोस्। विवादित जग्गामा आक्रमण नगरौँ।

(त्साओ-कुङ भन्छन्, हाम्रो सबै ऊर्जा पहिले एक लाभदायक स्थिति कब्जा गर्न समर्पित गर्नुहोस्, ली-चुआन र अन्य, तथापि, यो मतलब लिनुहोस् कि शत्रुले पहिले नै हामीलाई रोकेको छ, यो आक्रमण गर्न पागलपन हुनेछ। ह्सु-लू भन्छन्, जब वूका राजाले यस विषयमा के गर्नुपर्छ भनेर सोधे, सुन-जू ले जवाफ दिए, विवादित जग्गाको सम्बन्धमा नियम भनेको उनीहरूले अर्को पक्षबाट फाइदा लिन्छन्। यदि यस्तो स्थिति पहिले नै शत्रु द्वारा सुरक्षित छ भने, यसलाई आक्रमण गर्न सावधान रहनुहोस्। भाग्ने नाटक गरेर उसलाई प्रलोभनमा पार्नुहोस्, आफ्नो ब्यानरहरू देखाउनुहोस् र ड्रमहरू पिट्नुहोस्, उसले गुमाउन नसक्ने ठाउँ सिर्जना गर्नुहोस्। आवाज बनाउनुहोस्, धूलो उठाउनुहोस्, उसको कान र आँखालाई भ्रमित गर्नुहोस्, तपाईंको

उत्कृष्ट सिपाहीहरूको समूह जम्मा गर्नुहोस्। तपाईंको विपक्षी तपाईंको रक्षा गर्न अगाडि आउनेछ।)

12. **खुला मैदानमा शत्रुको बाटो रोक्न प्रयास गर्नुहोस्।**

(किनभने यो प्रयास व्यर्थ हुनेछ र गम्भीर जोखिमको लागि तपाईंको आफ्नै अप्रस्तुतता वा कमजोरीलाई उजागर गर्नेछ, यस अवस्थामा, चांग-यूलाई अनुसरण गर्छु। त्साओ-कुङ्को छोटो नोटमा नागाको सल्लाह दिइएको छ ताकि तपाईंको आफ्नै सेनाको कुनै पनि भाग यताउता नहोस् यो भएको छ।)

चौरास्ताको वरिपरि सहयोगीहरू खोज्नुहोस्, तिनीहरूसँग हात मिलाउनुहोस्।

(अवश्ये, तपाईं आफ्नो छिमेकी राज्यहरूसँग पनि गठबन्धन गर्न सक्नुहुन्छ।)

13. **गम्भीर आधार भएको भूमिमा रहेर मात्रै लुटपाटमा संलग्न हुनुहोस्।**

(यसमा ली-चुआनको एउटा चाखलाग्दो भनाइ छ: जब सेना धेरै टाढा शत्रुको देशगा प्रवेश गर्छ, बाटोमा भेट्ने मानिसहरूलाई अनुचित नहोस् भनेर ख्याल राख्छुपर्छ, किनकि त्यसो गर्दा उनीहरूलाई तपाईंबाट टाढा लैजान सक्छ। हान सम्राटहरूले काओ-त्सूको उदाहरण पछ्याउँछन्। चिन क्षेत्रमा सेना मार्च गर्दैथिए। तर बाटोमा उनले महिलासँग दुर्व्यवहार वा लुटपाट गरेनन्। (यहाँ ध्यान दिनु पर्ने कुरा के हो भने सन् 1900 मा क्रिश्चियन सेना पेकिङ्मा प्रवेश गरेका थिए। यस क्रममा उनले आफ्नो व्यवहारले सबैको मन जितेका थिए।) उनीहरू भन्छन्, जमिनमा गम्भीर जग बसाल्दा अगाडि बढ्ने प्रलोभन हुँदैन, पछाडि फर्कने सम्भावना पनि हुँदैन। यस्तो अवस्थामा चारैतिरबाट प्रावधान ल्याएर दीर्घकालीन प्रतिरोधको उपाय अवलम्बन गर्नुपर्छ। तर शत्रुमाथि कडा नजर राख्नुपर्छ।)

कठिन मैदानमा यात्रा गर्दा कहिल्यै रोकिएन। निरन्तर चलिरहनुहोस्।

(क्याम्प नगर्नुहोस्।)

14. **पछाडिबाट घेरिएको भूमिमा कूटनीतिको सहारा लिनुहोस्।**

(त्साउ-कुङ भन्छन् केहि असामान्य गर्न प्रयास गर्नुहोस्। तु-यूले यसलाई विस्तार गर्दछन्। यस्तो अवस्थामा परिस्थिति अनुरूप

केहि योजना बनाउनु पर्छ। र यदि हामी शत्रुलाई बहकाउन सफल हुन्छौं भने, संकटबाट बच्न सकिन्छ, बस। जस्तो कि जब हैनिबल कासिलिनमको पहाडहरूको बिचमा पछाडिबाट घेरिएका थिए र तानाशाही फैबियनलाई आफू फँसेझैं देखाउने चेष्टा गरिरहेका थिए। आफ्ना शत्रुहरूलाई आश्चर्यचकित पार्नका लागि तर्जुमा गरिएको रणनीति ठ्याक्कै 62 वर्षअघि तियेन–तानले अपनाएको रणनीतिसँग मिल्दोजुल्दो थियो र सफल पनि भयो। रात परेपछि करिब दुई हजार गोरुको जुवामा तीनवटा सुक्खा हाँगाहरू बाँधेर आगो लगाइयो। डराएको जनावरहरू शत्रुहरूले कब्जा गरेको पहाडतिर छिटो दौडन थाले। आगोमा भएका जनावरहरू यसरी भागिरहेको देखेर रोमीहरू यति डराए कि तिनीहरू यति असहज भए कि तिनीहरूले आफ्नो स्थान छोडे र हैनिबलको सेना सुरक्षित रूपमा ठाउँ छोडे।

निराश भूमिमा, लड्नुहोस्।

(चिया-लिन ले भनेजस्तै, यदि तपाईं आफ्नो सम्पूर्ण शक्तिले लड्नुभयो भने, जीवनले तपाईंलाई मौका दिन्छ। यदि तपाईं कुनामा टाँसिनुभयो भने, मृत्यु निश्चित छ।)

15. पुरातन समयका कुशल नेताहरूमा गनिने नेताहरूलाई शत्रुको अगाडि र पछाडिको भाग काट्ने तरिका थाहा थियो।

(यसलाई थप शाब्दिक रूपमा राख्नको लागि, तिनीहरू बिचको सबै सम्पर्कहरू हटाउन आवश्यक थियो।)

सहयोगीहरूलाई परिचालन गर्नबाट रोक्न, तिनीहरूको ठुला र साना डिभिजनहरू बिचको सहयोगलाई रोक्न, असल सैनिकहरूलाई खराबलाई बचाउनबाट रोक्न, अधिकारीहरूलाई आफ्ना मानिसहरूलाई भेला गर्नबाट रोक्न आवश्यक थियो।

जब शत्रु शिविरका मानिसहरू एकजुट भए, महान नेताले तिनीहरूलाई अव्यवस्थित राख्न व्यवस्थित गरे।

17. जब यो तिनीहरूको फाइदाको लागि थियो। त्यसैले उ अगाडि बढ्यो। जब क्षति देखियो, तिनीहरू रोकिए।

(मेई-याओ-चैनले यसलाई अघिल्लो घटनाहरूसँग जोड्दछन्। उनी भन्छन्। यसरी शत्रुलाई हटाउन सफल भइसकेपछि थप लाभ लिन

अगाडि बढ्नेछौं। यदि कुनै फाइदाहरू प्राप्त भएन भने, तिनीहरू जहाँ थिए त्यहीँ रहनेछन्।)

18. यदि शत्रुको ठुलो सेनासँग कसरी सामना गर्ने भनेर सोधियो, लाइनमा संगठित र आक्रमण तर्फ, मैले भन्नु पर्छ, तपाईंको प्रतिद्वन्द्वीसँग नभएको बस्तु जुन उसको प्रिय छ, त्यसलाई कब्जा गरेर सुरु गर्नुहोस्; त्यसपछि उसले तपाईंको इच्छा अनुसार काम गर्नेछ।

(सुन-जू को दिमागमा के थियो भन्ने बारे सबैको फरक-फरक विचार छ। त्साओ-कुङले यो कुनै रणनीतिक फाइदा हुनुपर्दछ जसमा शत्रु निर्भर हुन्छ भन्ने सोच्छन्। तु-मू भन्छन्, शत्रु तीनवटा कुरा कब्जा गर्न उत्सुक छ र यसमा उसको सफलता पनि निर्भर गर्दछ, तिनीहरू (1) हाम्रो अनुकूल स्थानहरू कब्जा गर्न, (2) हाम्रो खेतीयोग्य जमिनहरू भत्काउन: (3) आफ्नो आपूर्तिको रक्षा गर्न। तु-मू भन्छन् तपाईंको योजना तीनै दिशामा विफल हुनेछ र तपाईंले उसलाई असहाय बनाउनुहुनेछ, यस्तो साहसी पहल गरेर, तपाईंले तुरुन्तै अर्को पक्षलाई रक्षात्मक दृष्टिकोण अपनाउन बाथ्य पार्नुहुनेछ।)

19. मैदानमा तीव्रता युद्धको सार हो

(तु-मूका अनुसार, यो युद्ध प्रमुख सिद्धान्तहरूको सारांश हो। उहाँ भन्नुहुन्छ, यी सैन्य विज्ञानको गहिरो सत्य र सेनापतिको मुख्य गुण हुन्। हो-शिहले दिएका निम्न व्याख्यानहरू हुन्। चीनका दुई ठुला सेनापतिहरूद्वारा युद्धमा दिइएको महत्वलाई दर्शाउँछ। 227 ईस्वीमा सम्राट वेन-तीको अधीनमा रहेको सीन-चेंगका गभर्नर मेंग-ता, शूको सदनमा परिवर्तन गर्ने विचार गरिरहेका थिए। उनले राज्यका प्रधानमन्त्री चु-को-लिआंगसँग पत्राचार गरेर पनि छलफल गरे। वेइ जनरल सू-मा जो तत्कालीन वानका सैन्य गभर्नर थिए।)

मेंग-ता द्वारा विश्वासघातको आशङ्काको बिच विद्रोहलाई दबाउनका लागि आफ्नो सेना लिएर प्रस्थान गरे। पहिले उनले पुरस्कार, उपहार दिएर आफ्नो कुराहरूमा मनाउन खोजे। सु-माका अधिकारी उनको सामु आए अनि भने यदि मेंग- ताले आफैलाई वूर शूसँग जोडेने अघि हामीले केही कदम चाल्नुपर्दछ र कुराको एउचा जाँच हुनुपर्दछ। सू-माले जबाब दिंदै भने, मेड-ता एकजना सिद्धान्तहीन व्यक्ति हुन्, उसले आफ्नो मुखौटो उतार्ने अघि हामीले तुरन्तै उसलाई

दण्डित गर्नुपर्दछ। आठ दिन भित्र, सु-मा ले आफ्नो शक्तिशाली सेनाहरू सीन-चेंगलाई घेराबन्दी गर्न खटाए। मेंग -ताले चू-को-लिआंगलाई लेखेको पत्रमा वान यहाँबाट 1200 ली रहेको बताएको थियो। जब मेरो विद्रोहको खबर सु-मा प्रथम पुग्छ, उसले तुरुन्तै आफ्नो शाही नेतालाई खबर गर्नेछन्। तर, कुनै पनि कारबाही गर्न पूरा महिना लाग्छ र त्यतिन्जेल मेरो सहर सुरक्षित हुनेछ। सु-मा म आफैँ पक्कै पनि मैदानमा आउने छैन र हाम्रो विरुद्धमा पठाइने सेनापतिहरूसँग कुनै अप्ठ्यारो हुनु आवश्यक छैन। अर्को पत्र, यद्यपि डरले भरिएको छ, बताउँछ कि मैले आफ्नो निष्ठा त्यागेको केवल आठ दिनमात्र भएको छ, र विपक्षी सेना पहिले नै सहरको ढोकामा छ। यो कस्तो चमत्कारी गति हो। त्यसको पन्ध्र दिन पछि, सीन-चेंगलाई पदच्युत गरियो र मेंग-ता लाई मृत्युदण्ड दिइएको थियो।

621 ईस्वीमा ली-चिंगलाई कुइए-चोउमा सफल विद्रोही ह्सियाओ-सिएन माथि आक्रमण गर्न पठाइएको थियो। सियाओ-सिएनले आफूलाई सम्राट घोषणा गरेका थिए। शरद ऋतु चलिरहेको थियो र यांगत्जे नदी बाटोमा बाढी आएको थियो, त्यसैले ह्सियाओ-सिएन आफ्नो शत्रु उपत्यका तल आएर उहाँमाथि आक्रमण गर्न सक्छ भनेर सपनामा पनि सोचेका थिएन। यो सोचेर उनले कुनै तयारी पनि गरेनन्। तर, कुनै पनि समय बर्बाद नगरी, ली-चिंगले आफ्नो सेना तयार पारे र कुइए-चोउलाई मार्च गर्न आदेश दिए। धेरै सैन्य अधिकारीहरूले ली-चिंगलाई नदीको बाढी कम नभएसम्म बस्न सल्लाह दिए।

ली-चिंगले जवाफ दिए, सैनिकहरूको लागि गति सबैभन्दा महत्त्वपूर्ण कुरा हो। उनले अवसरहरू कहिल्यै गुमाउनु हुँदैन। ह्सियाओ-सिएनलाई थाहा लगाउनु अघि हामीले आक्रमण गर्नुपर्छ, अब आक्रमण गर्ने समय हो र हामीले सेना पनि जम्मा गरेका छौँ। अहिलेको समयको सदुपयोग गर्‍यो भने खोला बाढी आएको बेला कान बन्द गर्नुअघि नै बादलको गर्जन सुनिएझैँ छिट्टै उहाँको राजधानी पुग्छौँ। यो युद्धको महान सिद्धान्त हो। हाम्रो कार्य यति छिटो हुनेछ कि उनीहरूलाई हाम्रो योजनाको बारेमा थाहा भए पनि उनीहरूले हाम्रो विरोध गर्न सक्ने छैनन्। युद्धमा हामी विजयी हुनेछौँ। ली-चिंगले भविष्यवाणी गरे जस्तै सबै भयो र ह्सियाओ-सिएनले आत्मसमर्पण गर्नुपर्‍यो, आफ्ना मानिसहरूलाई बचाउनु पर्छ भनेर। अन्तमा उसले एक्लै मृत्युको पीडा भोग्छ।

यदि दुश्मन तयार छैन भने, यसको फाइदा लिनुहोस्। अप्रत्याशित मार्गहरू मार्फत आफ्नो बाटो बनाउनुहोस् र कमजोर ठाउँहरूमा आक्रमण गर्नुहोस्।

20. आक्रमणकारी शक्तिले सिद्धान्तहरूमा काम गर्नुपर्छ। तपाईं कुनै देशमा

जति गहिराइमा जानुहुन्छ, तपाईंको सेनाहरूको एकता ठूलो हुनेछ र यसरी शत्रु देशका रक्षकहरू तपाईंको विरुद्धमा खडा हुन सक्ने छैनन्।

21. उर्वर क्षेत्रहरूमा जानुहोस् वा तपाईंको सेनालाई खाना आपूर्ति गर्न त्यस्ता क्षेत्रहरूमा आक्रमण गर्नुहोस्।

(ली-चुआन ले यहाँ यस टिप्पणीमा कुनै प्रकाश पार्दैन।)

22. आफ्नो सिपाहीहरूको हितलाई ध्यानपूर्वक अध्ययन गर्नुहोस् र अनावश्यक रूपमा तिनीहरूको ऊर्जा बर्बाद नगर्नुहोस्।

(कल्याणबाट वाङ-ह्सी भनेको उनीहरूको हेरचाह गर्नु हो, उनीहरूलाई मजाक नगर्नु, उनीहरूलाई प्रशस्त खाना र पेय दिनु र सामान्यतया उनीहरूको हेरचाह गर्नु हो।)

तिनीहरूलाई थप बोझ नदिनुहोस्। आफ्नो ऊर्जामाथि फोकस गर्नुहोस् र आफ्नो शक्ति संरक्षण गर्नुहोस्।

(चेन ले 224 ईसा पूर्वमा प्रख्यात सेनापति वांग-चिएनले अपनाएको कारबाही सुनाउँछन्। उनको सैन्य प्रतिभाले पहिलो सम्राट्गे सफलतामा ठूलो योगदान पुर्यायो। उनले चु राज्यको सेनालाई पराजित गरे। भन्नुपर्दा, आफ्ना सिपाहीहरूको स्वभावको बारेमा उनको शंकाको कारण, उनले सुरुमा लडाईंका सबै निमन्त्रणाहरू अस्वीकार गरे र रक्षात्मक रूपमा कडा रहे। चूको सेनापतिले उनलाई लड्न प्रलोभन दिए, तर वांग-चिएनले लड्न सकेनन्। बरु, उनी आफ्नो क्षेत्रमा रहे र दिनभरि घुमफिर गर्दै, सिपाहीहरूको स्नेह र विश्वास जित्ये। उनीहरूलाई राम्ररी खुवाउन उहाँले ख्याल गर्नुभयो। यसका लागि उनले उनीहरुसँग खाद्य ग्रहण गरेका थिए। उनीहरूलाई नुहाउने सुविधा दिएको छ। उनीहरूको मनोरञ्जनका लागि पनि पर्याप्त व्यवस्था गरिएको थियो। केही समयपछि चिनले आफ्ना केही विश्वासी सैनिकहरूलाई सिपाहीहरूले कसरी मनोरञ्जन गरिरहेका छन् भनी सोधे। उनीहरूले फुर्सदको समयमा भारोत्तोलन र लामो जम्पमा एकअर्कासँग प्रतिस्पर्धा गर्ने जवाफ दिए। जब वांग-चिएनले आफ्ना सैनिकहरू यस्ता सकारात्मक गतिविधिमा संलग्न भएको सुने, तब उनले बुझे कि सैनिकहरूमा सक्रियता र उत्साहको कमी छैन र अब तिनीहरू युद्धको लागि पूर्ण रूपमा तयार छन्। बारम्बार यसको

चुनौतिहरूलाई पार गरे पछि, चूको सेना पूर्वमा गए। चिन सेनापतिले तुरुन्तै तिनीहरूलाई पछ्यायो र युद्धमा ठुलो जीत हासिल गर्यो। केही समयमै उनीहरूले पूरै चू राज्य कब्जा गरे र राजालाई कब्जा गरे।

आफ्नो सेना चाल मा राख्नुहोस्

(ताकि शत्रुलाई हामी वास्तवमा कहाँ छौं भनेर कहिल्यै थाहा नहोस्। यद्यपि, यसले मलाई छक्क पर्यो कि साँचो समर्पणले तपाईंको सेनालाई सँगै राख्न सक्छ।)

अनन्त योजनाहरू बनाउनुहोस्।

23.   आफ्नो सिपाहीहरूलाई परिस्थितिमा राख्नुहोस् जहाँ भाग्ने कुनै बाटो छैन।

(चांग-यूले यहाँ आफ्नो मनपर्ने वेई लियाओ-त्जु (अध्याय 3) बाट उद्धृत गरे, केही पुरुषहरू बजारमा जाँदा दौडनुपरेको थियो। केही मानिसहरूलाई तरवार दिइयो र बाँकीलाई छोडियो। सबैले आफ्नो लागि बाटो खोज्ने प्रयास गरे र भागे। मैले यो अनुमति दिनु हुँदैनथ्यो। यस्तो थिएन कि तरवार बोक्ने मान्छे त्यहाँ साहसीहरू थिए, र त्यहाँ निहत्था कायरहरू थिए। सत्य यो हो कि आफ्नो जीवनको लागि बहादुरीका साथ लड्ने मानिसले आफ्नो मूल्य आफैँ तय गर्दैन र त्यस्ता व्यक्तिहरू समान सर्तमा पनि भेट्दैनन्।)

यस्तो अवस्थामा उनीहरु भाग्नुभन्दा लड्दै मृत्युलाई अँगाल्न रुचाउँछन्। यदि तिनीहरूले मृत्युको सामना गर्छन् भने, तिनीहरूले सबैभन्दा कठिन चुनौतीहरू पनि पार गर्न सक्छन्। यस्तो अवस्थामा अधिकारी होस् वा सिपाही, दुवैले आफ्नो चरम शक्ति प्रदर्शन गर्छन्।

(चांग-यू भन्छन्, यदि तिनीहरू सबै एकै ठाउँमा सँगै छन् भने, तिनीहरू निश्चित रूपमा त्यहाँबाट बाहिर निस्कन आफ्नो संयुक्त शक्ति प्रयोग गर्नेछन्।)

24.   जब सिपाहीहरू धेरै निराश अवस्थामा हुन्छन्, तिनीहरूले डरको भावना गुमाउँछन्। यदि उनीहरू अड्किएका ठाउँबाट जाने ठाउँ छैन भने, उनीहरूले दृढतापूर्वक परिस्थितिको सामना गर्नेछन्। शत्रु देशमा छन् भने संयुक्त मोर्चा देखाउनेछन्। अन्तमा, यदि त्यहाँबाट उम्कने कुनै उपाय छैन र कुनै सहयोग उपलब्ध छैन भने, तिनीहरू आफ्नो अन्तिम सासासम्म आफ्नो सबै शक्तिका साथ लड्नेछन्।

25. त्यसकारण, सेनाहरू आदेशको पर्खाइ नगरी निरन्तर कार्यमा रहनेछन्; प्रश्न नगरी तपाईको इच्छा अनुसार गर्नेछन्।

(साँच्चै, बिना सोधी, तपाईले यो पाउनुहुनेछ।)

तिनीहरू कुनै पनि बन्धन बिना तपाईंप्रति वफादार हुनेछन्। तपाई तिनीहरूलाई आदेश नदिई सबै काम गर्न विश्वास गर्न सक्नुहुन्छ।

26. शुभ र अशुभ संकेतहरू हेर्न प्रतिबन्ध लगाउनुहोस्। अन्धविश्वासका शंकाहरू हटाउनुहोस्। त्यसोभए मृत्यु नआएसम्म कुनै विपत्तिसँग डराउनु पर्दैन।

(शङ्का र आशंकामा फसेका, अन्धविश्वासीहरू डरपोक बन्छन् र आफ्नो मृत्यु अघि धेरै पटक मर्छन्। तु-मूले यहाँ हूआंग शिह-कुङलाई उद्धृत गर्दै, सैनिकहरू बिच मन्त्र पठाउन कडा रूपमा निषेध गरिनु पर्छ, र कुनै पनि अधिकारीलाई सेनाको भविष्यको बारेमा भविष्यवाणी गर्न अनुमति दिनु हुँदैन। डरको भावनाले सैनिकहरूलाई मानसिक रूपमा कमजोर बनाउँछ। अर्थात्, यदि सबै शंकाहरू खारेज गरियो भने, तिनीहरू सधैं अगाडि बढ्नेछन्। तिम्रा सिपाहीहरू आपसमा कहिल्यै लड्ने छैनन्। उहाँले आफ्नो संकल्प आफ्नो मृत्यु सम्म बिर्सिने छैन।)

27. यदि हाम्रा सिपाहीहरूसँग पैसा छैन भने, यसको मतलब उनीहरूलाई पैसाको लागि मन नपर्ने वा धनी बन्न मन पर्दैन भन्ने होइन। यदि तिनीहरूको जीवन लामो छैन भने, यो होइन किनभने तिनीहरू लामो बाँच्न चाहँदैनन्।

(यी मामिलाहरूमा चांग-यूको सबैभन्दा राम्रो उद्धरण भनेको धन र दीर्घायु हो जसमा सबै मानिसहरू स्वाभाविक रूपमा झुकाव हुन्छन्। तसर्थ, यदि तिनीहरू बहुमूल्य वस्तुहरू जलाउँछन् वा उडाउँछन् र आफ्नो जीवन बलिदान गर्छन्, यो उनीहरूलाई मन पर्दैन भन्ने होइन, तर तिनीहरूसँग कुनै विकल्प छैन। सून-जूले सिपाही भए पनि मानिस नै हुन् भन्ने सङ्केत गर्छन्। सेनामा लड्ने र धनी बन्ने सपना जस्ता कुराहरू हुन नदिने जिम्मेवारी सेनापतिको हो।)

28. तपाईंका सिपाहीहरू रुनेछन् जुन दिन उनीहरूलाई लड्न आदेश दिइन्छ,

(चिनियाँ भाषामा स्निवेल भन्ने शब्द छ। यो केवल आँसुको सट्टा साँचो उदासीलाई संकेत गर्न प्रयोग गरिन्छ।)

कोही बसेर लुगा भिजाउँछन् त कोही सुतेर आँसु बगाउँछन्।

(उनीहरू डराउँछन् भनेर होइन, तर सबैले गर्न वा मर्ने संकल्प अपनाएका छन्, जसरी त्साओ-कुंग ले भनेका छन्। हामी सम्झनेछौँ कि इलियडका नायकहरू आफ्ना भावनाहरू प्रदर्शन गर्नमा उत्तिकै बालसमान छन्। चांग-यू, चिंग-कोओ र उनका साथीहरू बिचको शोकपूर्ण विदाईको तर्फ संकेत गर्दछ, जब चिंग-कोओले चिनका राजा (पछि पहिलो सम्राट) को ज्यान बचाउनुपर्‍यो। 227 ईसा पूर्वमा बिदाइको समयमा सबैको आँसु वर्षा जस्तै बग्यो र सबैले एउटै लाइन भने - तिम्रो च्याम्पियन सदाको लागि बिदा हुँदैछ। (1)

उनले तुरुन्तै खाडीमा ल्याएर चू वा कुईको साहस देखाउन माग गरे।

(चू, वू राज्यका निवासी चुआन-चूको व्यक्तिगत नाम थियो, र आफै पनि सुन-जूका समकालीन थिए, जसलाई कुंग-त्जु कुआंगलाई हो-लू-वांग पनि भनिन्छ। राजा वांग-लियाओलाई मार्नका लागि एउटा भोजमा एउटा माछाको पेटमा खंजर लुकाइएको थाहा थियो, तर तुरुन्तै राजाका अंगरक्षकहरू द्वारा मारिए। अब 515 ई.पूर्वको दोस्रो नायकको उल्लेख छ। उनको नाम त्सोओ-कुई (अथवा त्साओ-मो) थियो। 166 वर्ष पहिले 681 ईस्वी. पूर्वमा उनले आफ्नो कारनामले आफूलाई चर्चित बनाएका थिए। ची-ने लूलाई तीन पटक हराए। यो युद्ध एउटा सन्धिको निष्कर्ष निकाल्ने बारे थियो जस अन्तर्गत लूले ठुलो भूभाग चीलाई हस्तान्तरण गर्ने थियो। त्साओ-कुईले अचानक चीका राजा हुआन-कुङको छातीमा खंजर राखे। कुनै पनि राजाका अनुयायीहरूले अगाडि बढ्न हिम्मत गरेनन् र त्साओ-कुईले ची को पूर्ण पुनर्स्थापनाको माग गरे, यो घोषणा गर्दै कि यो सानो र कमजोर राज्य भएकोले लूलाई अन्यायपूर्ण व्यवहार गरिएको थियो। हुआन-कुङ जोखिम मोल्नका लागि परिचित थिए। तिनीहरू सहमत हुन बाध्य थिए, जसमा त्साओ-कुईले आफ्नो खंजर फाले। अपेक्षा गरिए अनुसार, राजा पछि सम्झौता अस्वीकार गर्न चाहन्थे, तर उनका बुद्धिमान् पुराना सल्लाहकार कुआन-चुंगले उनको वचन तोड्नुको मूर्खतालाई औंल्याए, र नतिजा यो हो कि यो साहसी कदमले लूको गौरवशाली दिनहरू फेरि फिर्ता ल्याइयो। लूले आफूसँग भएका सबै कुरा फिर्ता गरे।

29. एक कुशल रणनीतिकारलाई शुआई-जान भनिने सर्पसँग तुलना गर्न सकिन्छ।अहिले शुआई-जान चाङको पहाडमा पाइन्छ।

(शुआई-जानको अर्थ अचानक वा छिटो हुन्छ र सर्प सुरुदेखि नै यसको तीव्रता र गतिका लागि परिचित छ। चिनियाँ शब्द शुआइ-जान अब सैन्य चालबाजीको अर्थमा प्रयोग हुन थालेको छ।)

यदि तपाईंले यसको टाउकोमा आक्रमण गर्नुभयो भने, यसको पुच्छरले तपाईंलाई आक्रमण गर्नेछ। यदि तपाईंले यसको पुच्छरलाई आक्रमण गर्नुभयो भने, यसको टाउकोले आक्रमण गर्नेछ। यदि तपाईंले यसलाई बिचमा आक्रमण गर्नुभयो भने, टाउको र पुच्छर दुवैले आक्रमण गर्नेछ।

30. शुआई-जानको नक्कल गर्न सेना बनाउन सकिन्छ कि भनेर सोध्दा,

(मेई याओ-चेन भन्छन्, के सेनाले अगाडि र पछाडि एकैसाथ आक्रमण गर्न सक्छ, मानौं यो केवल एक जीवित शरीरको भाग हो।)

मैले जवाफ दिनु पर्छ, हो। किनभने वू र यूहका मानिसहरू एकअर्काका शत्रु हुन्। तैपनि एउटै डुङ्गामा नदी पार गर्दै अचानक आँधीमा परे भने बायाँ हातले दाहिने हातले सहयोग गरेझैं उनीहरू एकअर्काको सहयोगमा आउँछन्।

(अर्थ यो हो कि संकटको घडीमा दुई शत्रुले एकअर्कालाई सहयोग गरेमा एउटै सेनाका दुई अंगलाई स्वार्थ र सहानुभूतिको बन्धनले कति बलियोसँग बाँधेर बस्छ भन्ने बुझ्न सकिन्छ। यद्यपि यो सत्य हो कि सहयोगको अभावका कारण धेरै अभियानहरू बर्बाद भएका थिए, विशेष गरी सहयोगी सेनाहरूको मामलामा।)

31. त्यसैले घोडा बाँधेर र रथका पाङ्ग्राहरू भुइँमा गाडेर मात्रै पुग्दैन।

(सेनालाई भाग्न नदिन यी कुराहरू गरिन्छ। यहाँ हामी एथेनियन नायक सोफेन्सलाई सम्झन सक्छौं जसले प्लाटियाको युद्धमा आफ्नो साथमा लंगर र डोरी लिएका थिए, जसको साथ उनले आफूलाई एक ठाउँमा दृढतापूर्वक बाँधेका थिए। तर, यस्तो यान्त्रिक माध्यमबाट कसैलाई रोक्न नसकिने सुन–जू भन्छन्। तपाईंका मानिसहरू बिच दृढता र उद्देश्यको एकता नभएसम्म तपाईं सफल हुनुहुन्न। र सबै भन्दा माथि सहानुभूतिपूर्ण सहयोगको भावना हुनेछैन। यो शुआई-जानबाट सिक्न सकिने पाठ हो।)

32. सेना व्यवस्थापनको एउटा सिद्धान्त भनेको साहसको मापदण्ड तय गर्नु हो जसमा सबै पुग्नुपर्छ। (वास्तवमा, साहसको स्तर सबैको लागि समान छ। यदि एक सेना आदर्श र सिद्ध हुनु हो भने, यो निम्नानुसार छ कि यसको घटक भागहरुको संकल्प र भावना एक हुनुपर्छ, वा कुनै पनि समयमा एक निश्चित मापदण्ड भन्दा तल पर्दैन, वेलिंगटनले वाटरलूमा आफ्नो सेनाको सबै भन्दा नराम्रो थियो। उनले विश्वास गरे कि सेनामा एउटा महत्त्वपूर्ण कुराको कमी छ: एकता र साहसको भावनाको अभाव। यदि, यस अवधिमा, वेलिंगटनले दूरदर्शिता अपनाएको थिएन, बेल्जियमको सेनालाई पन्छाउने मनसायलाई महसुस नगरेको थियो र तिनीहरूलाई फिर्ता राख्न सावधानी अपनाएको थिएन, त्यो दिन उसको हार निश्चित थियो।)

33. शक्तिशाली र कमजोर दुवैलाई कसरी उत्कृष्ट बनाउने भन्ने प्रश्न हो जसमा भूमिको उचित प्रयोग पनि समावेश छ।

(मेई याओ-चेन विश्वास गर्छन् कि बलियो र कमजोर बिचको भिन्नता मेटाउन र दुवैलाई कसरी उपयोगी बनाउने भनेर जान्नु पनि धेरै महत्त्वपूर्ण छ। यी आकस्मिक सुविधाहरू प्रयोग गर्न आवश्यक छ। कम भरपर्दो सिपाहीहरू बलियो स्थानमा तैनाथ भए पनि उनीहरू कठिन परिस्थितिमा अझ राम्रो सिपाही सरह लामो समयसम्म रहनेछ। स्थितिको महत्त्वले सहनशीलता र साहसको कमीलाई तटस्थ बनाउँछ। कर्नेल हेंडरसन भन्छन्, पाठ्य पुस्तक र सामान्य रणनीतिक शिक्षाको सम्बन्धमा मैले पाएको छु कि जमीनी अध्ययनलाई प्रायः बेवास्ता गरिन्छ, र कुनै पनि प्रकारको पद छनोटमा पर्याप्त महत्त्व दिइँदैन। सुविधाहरूको उचित प्रयोगले धेरै फाइदाहरू दिन्छ, चाहे तपाईं रक्षा गर्दै हुनुहुन्छ वा आक्रमण गर्दै हुनुहुन्छ।)

34. एक कुशल सेनापतिले आफ्नो सेनाको नेतृत्व गर्दछ जस्तै उसले एकल मानिसलाई हातले नेतृत्व गरिरहेको छ।

(तु-मू भन्छन् कि उपमाले उसले सबैसँग व्यवहार गरिरहेको सहजतालाई जनाउँछ।)

35. शान्त राख्नु र गोपनीयता सुनिश्चित गर्नु जिम्मेवार सेनापतिको काम हो। इमान्दार र न्यायपूर्ण प्रणाली कायम गरौं।

36. उसले झूटा रिपोर्टहरू र बहानाहरूद्वारा आफ्ना अधिकारीहरू र मानिसहरूलाई बहकाउन सक्षम हुनुपर्छ,

(शाब्दिक रूपमा, तिनीहरूका आँखा र कानहरूलाई धोका दिन।)

र यसरी तिनीहरूलाई पूर्ण अज्ञानतामा राख्नुहोस्।

(त्साओ-कुङको उत्कृष्ट उपमाहरू मध्ये एक हो, सैनिकहरूलाई सुरुमा तपाईंको योजनाहरू साझा गर्न अनुमति दिनु हुँदैन: तिनीहरू खुशी परिणामहरूमा मात्र तपाईंसँग रमाउन सक्छन्। शत्रुलाई भ्रममा पानु, भ्रममा पानु र आश्चर्यचकित पानु युद्धको पहिलो सिद्धान्त हो, जसरी प्रायः भनिएको छ। तर, दोस्रो प्रक्रिया के हो? आफ्नै मान्छेको पर्दाफास ? सुन-जूले यस बिन्दुलाई धेरै जोड दिन्छन् भन्ने सोच्नेहरूले स्टोनवाल ज्याक्सन उपत्यका अभियानमा कर्नल हेंडरसनको टिप्पणी पढ्नु राम्रो हुनेछ। उनीहरू भन्छन्, ज्याक्सनले अभियानको क्रममा आफ्नो पीडा लुकाउने प्रयास गरे, उनका सबैभन्दा भरपर्दो कर्मचारी अधिकारीहरूबाट पनि। उसको काम, उराको नियत र उसको विचार सबै सेनापतिको भन्दा फरक थियो। होउ-हान-शूको अध्याय 47 मा पढ्दा, सन 88 ईस्वीमा, पान-चाओले खोतान र अन्य मध्य एसियाली राज्यहरूबाट 25,000 मानिसहरूलाई यार्कन्डलाई कुचल्ने उद्देश्यले मैदान कब्जा गरेका थिए। कुचाका राजाले र उनका प्रमुख सेनापति वेन-सु, कू-मो र वेई-ताउ राज्यहरूबाट 50,000 सैनिकहरू पठाएर त्यहाँको सुरक्षा सुनिश्चित गरे। पान-चाओले आफ्ना अधिकारीहरू र खोतानका राजालाई युद्ध परिषदमा बोलाए र भने, हाम्रो सेना अहिले धेरै संख्यामा छ र शत्रुहरू विरुद्ध कारबाही गर्न सक्षम छ। सबैलाई अलग-अलग दिशामा छरपस्ट गर्ने हाम्रो लागि उत्तम योजना हुनेछ। खोतानका राजा पूर्वमा जानेछन्, र म पश्चिममा फर्कनेछु। हामी साँझको ढोल बज्रेसम्म पर्खौं र सबै कुरा पहिले जस्तै सुरु हुन्छ। पान-चाओले गोप्य रूपमा आफूले जिउँदै कब्जा गरेका बन्दीहरूलाई छोडिदिए र यसरी कुचाका राजालाई आफ्नो योजनाको बारेमा जानकारी गराए। खबरबाट उत्साहित भएर, कुचाका राजाले पान-चाओको फिर्तीलाई रोक्न 10,000 घोडचढीहरू पश्चिममा तयार गरे, जबकि वेन-सुका राजाले खोतानका राजालाई रोक्न 8,000 घोडाहरू लिएर पूर्वतिर मार्च गरे। पान-चाओको योजना सफल भयो। दुई सरदारहरू निस्कने बित्तिकै उनले आफ्ना डिभिजनहरूलाई एकसाथ बोलाए, उनीहरूलाई राम्ररी विश्वासमा लिए, र उनीहरूलाई यार्कण्ड सेनाको विरुद्धमा मार्च गर्न आदेश दिए। डराएको जंगली मानिसहरू अलमलमा भागे। पान-चाओले चलाखीपूर्वक तिनीहरूको पछि लागे। 5000 भन्दा बढीको टाउको कातियो। यस बाहेक घोडा,

गाईवस्तु र सबै किसिमका बहुमूल्य वस्तुहरू ठुलो परिमाणमा लुटिएका थिए। यार्कण्डले आत्मसमर्पण गरे। कुचा र अन्य राज्यहरूले आफ्नो सेना फिर्ता लिए। त्यसबेलादेखि, पान-चाओको प्रतिष्ठा पश्चिमी देशहरूमा फैलियो। यस अवस्थामा, हामी देख्छौं कि चिनियाँ सेनापतिले आफ्ना अधिकारीहरूलाई आफ्ना वास्तविक योजनाहरूबाट अनभिज्ञ मात्र राखेननन्, तर वास्तवमा दुश्मनलाई धोका दिन आफ्नो सेनालाई विभाजित गर्ने साहसी कदम पनि उठाए।)

37. आफ्नो व्यवस्था परिवर्तन गरेर र योजनाहरू परिवर्तन गरेर,

(वांग- ह्सी विश्वास गर्छन् कि यसको मतलब एउटै रणनीति दुई पटक प्रयोग नगर्नु हो।)

उनले सही जानकारी शत्रुसम्म पुग्न अनुमति दिंदैन।

(चांग-यू, अर्को कृतिबाट उद्धृत गर्दै भन्छन्, यो स्वयंसिद्ध छ कि युद्धहरू छलमा आधारित हुन्छन्, यो शत्रुलाई दिइएको छलमा मात्र लागू हुँदैन। आफ्नै सिपाहीहरूलाई पनि धोका दिनुपर्छ। तिनीहरूलाई तपाईंलाई पछ्याउन दिनुहोस्, तर तिनीहरूले तपाईंलाई किन पछ्याइरहेका छन् भनेर नभनी।)

आफ्नो शिविर सार्न र परिक्रमा मार्गहरू लिएर, उसले शत्रुलाई आफ्नो उद्देश्य अनुमान गर्नबाट रोक्छ।

38. नाजुक क्षणहरूमा, सेनापतिले ठुलो उचाइमा चढे पछि त्यो सिँढीलाई लात हान्ने मानिसको रूपमा काम गर्दछ। उसले आफ्ना सिपाहीहरूलाई शत्रुको इलाकामा गहिरोमा लैजान्छ र त्यसपछि मात्र आफ्नो इरादा अर्थात् बाजी प्रकट गर्दछ।

(अर्थात्, केही निर्णायक कारबाही गर्छ जसले सेनालाई फर्कन असम्भव बनाउँछ। जस्तै, हियांग-यू, जसले नदी पार गरेपछि आफ्नो जहाजहरू डुबाए। चेन-हाओ पछि चिया-लिन यी सबै कुराहरू थोरै बुझ्छन्।)

39. उसले आफ्नो डुङ्गा जलाउँछ, खाना पकाउने भाँडाहरू भाँच्छ। जसरी गोठालोले आफ्नो भेडाको बगाललाई हान्छ, त्यसरी नै उसले आफ्ना मानिसहरूलाई यता-उता धपाउँछ। उहाँ कहाँ जाँदै हुनुहुन्छ कसैलाई थाहा छैन।

(तु-मू भन्छन्, सेनाले अगाडि बढ्न वा पछि हट्ने आदेशलाई मात्र ध्यान दिन्छ। उसको आक्रमण र जितसँग कुनै सरोकार छैन।)

40. आफ्नो सेनालाई जम्मा गरेर खतरामा पुर्‍याउनुलाई सेनापतिको काम भन्न सकिन्छ।

(सुन-जू भनेको घेराबन्दीपछि शत्रुमाथि आक्रमण गर्न ढिलाइ गर्नु हुँदैन भन्ने हो। याद गर्नुहोस् कि उहाँ कसरी यस बिन्दुमा बारम्बार फर्कनुहुन्छ। पुरातन चीनको युद्धरत राज्यहरूमा, युद्धको कारण सहरहरू उजाड हुनु आजको भन्दा धेरै भयानक र गम्भीर दुष्ट थियो।)

41. नौ प्रकारको माटोको लागि उपयुक्त विभिन्न उपायहरू;

(चांग-यू भन्छन्: नौ प्रजातिका जमिनका नियमहरू व्याख्या गर्न संकोच गर्नु हुँदैन।)

आक्रामक वा रक्षात्मक रणनीतिको उपयुक्तता र मानव प्रकृतिको आधारभूत नियमहरू, यी चीजहरू छन् जुन निश्चित रूपमा अध्ययन गर्नुपर्छ।

42. शत्रुको इलाकामा प्रवेश गर्दा सामान्य सिद्धान्त यो हो कि पर्याप्त गहिराइमा पुग्दा एकता हुन्छ, जबकि पर्याप्त गहिराइमा पुग्दा फैलावटको आशंका हुन्छ।

43. जब तपाईं आफ्नो देश छोडेर आफ्नो सेनालाई छिमेकी क्षेत्रमा लैजानुहुन्छ, तपाईं आफैंलाई एक नाजुक अवस्थामा पाउनुहुनेछ।

(यस प्रकारको 'भूमि'का बारेमा आठौं अध्यायमा उल्लेख गरिएको छ। तर, यो अध्याय 10 मा वर्णन गरिएका नौ अवस्थाहरू वा छवटा प्रकोपहरू मध्ये एकमा पर्दैन। पहिलो नजरमा कसैले यसलाई 'टाढाको मैदान' भनेर अनुवाद गर्न सक्छन्, तर टिप्पणीकारहरूलाई विश्वास गर्ने हो भने, यसको अर्थ यहाँ 'टाढाको मैदान' होइन। वांग -ह्सी भन्छन्, यो एक आपसमा जोडिएका राज्यहरूले छुट्याएको मैदान हो, जसमा पुग्न हामीले धेरै राज्यहरू पार गर्नुपर्छ। यहाँ पुग्ने बित्तिकै हामीले आफूलाई छिट्टै व्यवस्थित गर्ने प्रयास गर्नुपर्छ। यो अवस्था दुर्लभ हुने भएकाले नौ सर्तमा समावेश नगरिएको उनको भनाइ छ।)

जब चारैतिर सञ्चारका माध्यमहरू छन्, जमिन एक आपसमा जोड्ने राजमार्गहरू मध्ये एक हो।

44. जब तपाईँ देशको गहिराइमा जानुहुन्छ, त्यो गम्भीर भूमि हो। जब तपाईँ छोटो दूरीमा जानुहुन्छ, यो पहुँचयोग्य मैदान हो।

45. जब तपाईँ तपाईँको पछाडि शत्रुको किल्ला छ, र साँघुरो सडकहरु, यो एक घेरेको भूमि हो। जब शरण वा आश्रयका लागि कुनै ठाउँ छैन, यो एक आशाहीन मैदान हो।

46. त्यसैले, विखण्डनको भूमिमा, म मेरा सिपाहीहरूलाई प्रेरित गर्नेछु। उनीहरुबिच एकता कायम गर्ने मेरो उद्देश्य हो।

(तु-मूका अनुसार, यो लक्ष्य रक्षात्मक अवस्थामा रहँदा र युद्धबाट जोगिएर मात्र प्राप्त गर्न सकिन्छ।)

पहुँचयोग्य मैदानमा म यो देख्नेछु कि मेरो सेनाका सबै भागहरू बिच घनिष्ठ सम्बन्ध कायम छ।

(तु-मूले भनेझैँ, यसको उद्देश्य दुई सम्भावित आकस्मिकताहरूबाट जोगाउनु हो: (1) हाम्रा आफ्नै सेनाहरूको त्याग; (2) शत्रुबाट अचानक आक्रमण। मेई-याओ-चेन भन्छन्, मार्चको समयमा सेनाहरू नजिकको सम्पर्कमा हुनुपर्छ; एउटा शिविरमा किल्लाहरू बिच निरन्तरता हुनुपर्छ।)

47. म चाँडै मेरो सेनाको पछाडि विवादित भूमि पार गराउनेछु।

(यो त्साओ-कुङको व्याख्या हो। चांग-यूले यसलाई अपनाए, यसो भन्दै, हामीले तुरुन्तै हाम्रो सेनाको पछाडि अगाडि बढ्नुपर्छ, ताकि सम्पूर्ण रेजिमेन्ट एकसाथ लक्ष्यमा पुग्न सकोस्। अर्थात्, उनीहरूलाई एकअर्काबाट धेरै टाढा द्वन्द्व हुन दिनु हुँदैन। मेई याओ-चेनले अर्को समान रूपमा प्रशंसनीय व्याख्या प्रदान गर्दछन्, मानौँ कि शत्रु अझै तोकिएको ठाउँमा पुगेको छैन, र हामी उसको पछाडि छौँ, हामीले द्रुत गतिमा अगाडि बढ्नु पर्छ। त्यसोभए, हामी यसको तोकिएको ठाउँ कब्जा गर्न सक्छौँ। त्यो माथिको उसको अधिकार खारेज गरिनुपर्छ। अर्कोतर्फ, चेन हाओ, शत्रुसँग आफ्नो मैदान छनोट गर्ने समय छ भनी विश्वास गर्दै, VI उद्धृत गर्दछन्, जहाँ सुन-जूले हामीलाई आक्रमण गर्न धेरै थकित नहुन चेतावनी दिन्छन्। अवस्थाको बारेमा उनको आफ्नै दृष्टिकोण अस्पष्ट रूपमा व्यक्त गरिएको छ। यदि तपाईँसँग शत्रुको विरुद्धमा अनुकूल स्थिति छ भने, यसलाई कब्जा गर्न केही चयन

गरिएका सिपाहीहरूलाई छुट्टै पठाउनुहोस्। यदि शत्रुहरू आफ्नो विशाल सेनामा विश्वस्त छन् र लड्न आउँछन् भने, तपाईंले पछाडिबाट आक्रमण गर्न सक्नुहुन्छ र उनीहरूलाई उनीहरूको पछाडि लड्न बाध्य पार्न सक्नुहुन्छ। जित पक्कै तपाईंको हुनेछ। उनले थप भने, यसरी चाओ-शीले चिनको सेनालाई पराजित गरे।)

48. म खुला मैदानमा मेरो सुरक्षाको बारेमा होसियार हुनेछु। रक्षामा विशेष ध्यान रहनेछ। राजमार्ग जोड्ने जमिनमा साझेदारसँगको गठबन्धनलाई मजबुत बनाउनेछु।

49. महत्त्वपूर्ण आधारमा म मेरो सेनाका लागि निर्बाध आपूर्ति सुनिश्चित गर्न प्रयास गर्नेछु।

(टिप्पणीकर्ताहरूले यसलाई शत्रुको चारा र लुटको सन्दर्भको रूपमा हेर्छन्। तिनीहरूले कहिल्यै आशा गर्न सक्दैनन् कि यो घरको आधारसँग अटूट सम्बन्धको जग हो।)

जतिसुकै अप्ठ्यारो जमिन किन नहोस्, म आफ्नो बाटोमा लागिरहनेछु।

50. घेरामा परेको भूमिमा म पछि हट्ने कुनै पनि माध्यम बन्द गर्ने प्रयास गर्नेछु।

(मेंग-शिह भन्छन्, मैले आफ्नो अगाडि रक्षा गर्न खोजेको हो भनी देखाउनको लागि, मेरो वास्तविक उद्देश्य शत्रुमाथि अचानक आक्रमण गर्ने थियो। मेई याओ-चेन भन्छन्, मैले आफ्ना सैनिकहरूलाई निराशाबाट बचाउनको लागि यो गरेँ, म उनीहरूले साहसका साथ परिस्थितिको सामना गरेको हेर्न चाहन्छु। वांग-ह्सी भन्छन्भ न्छन्, मलाई डर छ कि अरू कसैले मेरा सिपाहीहरूलाई भाग्न प्रलोभनमा पार्न सक्छ। 532 ईस्वीमा, काओ-हुआन, पछि सम्राट र शेन-वूका रूपमा प्रसिद्ध, एर-चू चाओ र अन्यको विशाल सेनाले घेरेको थियो। उनको आफ्नै सेना तुलनात्मक रूपमा सानो थियो, जसमा 2000 घोडाहरू र 15000 सिपाहीहरू मात्र थिए। घेराबन्दीबाट बाहिर निस्कने थोरै बाटोहरू थिए, तर काओ-हुआनले गोरु र गधाहरूलाई डोरीले बाँधेर आफैं बन्द गरे। जब उनका अधिकारी र सिपाहीहरूले जितु वा मर्नुको विकल्प छैन देखे, उनीहरूले बहादुरीपूर्वक लडे र विरोधी सेनालाई पराजित गरे। निराश भूमिमा, म मेरा सिपाहीहरूलाई निराश हुनुको सट्टा जीवन बचाउने बारे सोच्न भन्न चाहन्छु। बहादुरीका

साथ लड्नुहोस्। तु-यू भन्छन्, आफ्ना सबै बोझका सामानहरू जलाउनुहोस्, आफ्ना पसलहरू बन्द गर्नुहोस्, सुविधाहरू हटाउनुहोस्, माटोले इनारहरू भर्नुहोस्, आफ्ना खाना पकाउने चुलो भत्काउनुहोस् र आफ्ना मानिसहरूलाई स्पष्ट पार्नुहोस् कि उनीहरू बाँच्न सक्दैनन्, तर उनीहरूले मृत्युको सामना गर्नुपर्नेछ। मेई याओ-चेन भन्छन्, जीवनमा एकमात्र मौका भनेको सबै आशा त्याग्नु हो। जमिन र परिस्थिति जस्तोसुकै होस्, निराश हुनुहुँदैन भन्ने सुन–जू भन्छन्। हामी यस महत्त्वपूर्ण विषयसँग सम्बन्धित अंशहरू समीक्षा गर्न असफल हुन सक्दैनौं। बेइमान र अनैतिक तरिकाले मार्नु भन्दा यसको सामना गर्नु राम्रो हो।

51.　यो सिपाहीको स्वभाव हो कि जब उसलाई घेरिन्छ, उसले दृढ प्रतिरोध गर्दछ। उसले आफूलाई मद्दत गर्न नसकेमा कडा रूपमा लड्छ, र जब ऊ खतरामा हुन्छ छिट्टै आज्ञाकारी हुन्छ।

(चांग-यूले 73 ईस्वीमा पान-चाओका समर्पित अनुयायीहरूको आचरणलाई औंल्याए। हौ-हान-शूको कथा अध्याय-47 मा पनि यस्तै क्रम जारी छ। जब पान-चाओ शान-शान आइपुगे, देशका राजा कुआङ उनलाई विनम्रता र सम्मानका साथ स्वागत गर्ने पहिलो व्यक्ति थिए। तर, केही समयपछि उनको व्यवहारमा अचानक परिवर्तन आयो र उनी लापरवाह र लापरवाह भए। पान-चाओले आफ्नो पार्टीका पदाधिकारीहरूसँग यसबारे कुरा गरे, के तपाईंले हे-कुआङको विनम्र नियत कमजोर हुँदै गएको देख्नुभयो? यसको अर्थ हो दूतहरू उत्तरी दिशाका बर्बरहरूतर्फबाट आएका हुन्। फलस्वरूप उनी निर्णय लिन नसक्ने स्थितिमा छन्, कसलाई आफूसँग राखेर अघि बढ्नु र कसलाई छाडिदिनु। निश्चित रूपमा त्यही कारण हो। हामीलाई भनिएको छ कि वास्तवमा बुद्धिमान व्यक्तिले कुनै घटना घट्ने अगावै त्यसलाई बुज्दछ। उसोभए कति धेरै, जो पहिलैदेखि प्रकटभै रहेको छ!

त्यसपछि पान-चाओले कुआङको सेवामा काम गरेका एक स्थानीयलाई बोलाए र उनको लागि एउटा जाल बिछाए। उनले भने, केही दिनअघि आएका त्सिउंग-नुका दूतहरू कहाँ छन् ? मानिस यति छक्क पर्‍यो कि आश्चर्य र डरको बिचमा उसले वर्तमानको सम्पूर्ण वास्तविकतालाई अस्वीकार गर्‍यो। पान-चाओले

आफ्नो सूचना दिनेलाई सबै कुरा सावधानीपूर्वक बुझाए र अधिकारीहरूको साधारण सभा बोलाए र उनीहरूसँग रक्सी खान थाले।

जब नशाले उनीहरूलाई छोप्न थाल्यो, तब पान-चाओले उनीहरूलाई यसरी सम्बोधन गरेर उनीहरूको मनोबल बढाउने कोसिस गर्‍यो, महामहिमहरू, यहाँ हामी फरक परिवेशमा छौं, ठुलो उपलब्धि गर्नका लागि, हामी सबै धन कमाउन उत्सुक छौं। अब कुरो यो हो कि केहि दिन अघि मात्र ह्सिउंग-नुबाट एक राजदूत यो राज्यमा आए, र परिणाम यो हो कि हाम्रो शाही मेजबानले हामीलाई प्रदान गरेको सम्मानजनक शिष्टाचार हराएको छ। यदि यो सन्देशवाहकले उसलाई जित्यो र सबै कुरा जफत गर्‍यो र हामीलाई ह्सिउंग- नुलाई सुम्प्यो भने, हाम्रो सम्पूर्ण खेल बर्बाद हुनेछ। हाम्रा हड्डीहरू मरुभूमिका ब्वाँसाहरूको खाना बन्नेछन्। मानिसहरूलाई उत्साहित बनाउन उहाँले भन्नुभयो, साथीहरू, हामी यहाँ के गर्न आएका छौं? अधिकारीहरूले एक स्वरमा जवाफ दिए, हाम्रो जीवन यहाँ खतरामा छ, हामी जीवन र मृत्युको बिचमा हाम्रो सेनापतिलाई पछ्याउनेछौं। यस साहसिक कार्यको अध्यायका लागि, अध्याय 12 हेर्नुहोस्।

52. हामी हाम्रा छिमेकी राजकुमारहरूसँग गठबन्धनमा प्रवेश गर्न सक्दैनौं जबसम्म हामी उनीहरूको योजनाहरू बारे सचेत हुँदैनौं। यस क्षेत्रको भौतिक अवस्था थाहा नभएसम्म हामी सेनाको मार्चको नेतृत्व गर्न योग्य छैनौं। यसको पहाड र जंगल, खतरनाक ठाडो चट्टान, यसका दलदल र फिँजयुक्त जमिनहरू बारे जान्नु धेरै महत्त्वपूर्ण छ। यसका लागि स्थानीय गाइडको सहयोग नलिँदासम्म हामीले प्राकृतिक अवस्थाको फाइदा उठाउन सक्दैनौं।

(यी तीन वाक्यहरू अध्याय 7 मा 12-14 को क्रममा दोहोर्‍याइएको छ। टिप्पणीकारहरूले उनीहरूको महत्त्वलाई बढी जोड दिने सोच्छन्। स्थानीय गाईडको मद्दत लिए पनि कहिलेकाहीँ गल्ती हुने सम्भावना रहेको सुन–जू बताउँछन्। हैनिबलले एउटा गाइडलाई उनीहरूलाई कैसिनममा लैजान आग्रह गरे, जहाँ उनीहरूले महत्त्वपूर्ण पास कब्जा गर्ने थिए। तर, हैनिबलको बोली नबुझेको कारण गाइडले यसलाई कैसिनमको सट्टा कैसिलिनम भन्यो र सेनालाई त्यही दिशामा लग्यो। गल्ती पत्ता तब लाग्यो जब तिनीहरू कैसिनमको सट्टा कैसिलिनम पुगे।)

53. निम्न लिखित चार वा पाँच सिद्धान्तहरू मध्ये कुनै एकलाई बेवास्ता गर्नु हुँदैन। कसैको अज्ञानता योद्धा राजालाई सुहाउँदैन।

54. जब एक युद्ध-प्रेमी राजकुमारले शक्तिशाली राज्यमा आक्रमण गर्दछ, उसको सैन्य नेतृत्व यो तथ्यमा प्रकट हुन्छ कि उसले दुश्मनका सेनाहरूलाई भेट्न र ध्यान केन्द्रित गर्नबाट रोक्छ। उसले आफ्ना विरोधीहरूलाई जित्छ र तिनीहरूलाई छक्क पार्छ र आफ्ना विरोधीका साथीहरूलाई उहाँको विरुद्धमा सेनामा सामेल हुनबाट रोक्छ।

(मेई ताओ-चेनले धेरै तर्कहरू उत्पादन गर्दछ जुन चिनियाँहरूबाट धेरै प्रभावित छः उनी भन्छन्, शक्तिशाली राज्यलाई आक्रमण गर्दा, यदि तपाईँ यसको सेनालाई विभाजित गर्न सक्नुहुन्छ, तपाईँ त्यसमाथि आफ्नो श्रेष्ठता प्रमाणित गर्न सक्षम हुनुहुनेछ। एकचोटि तपाईंले आफ्नो श्रेष्ठता प्रमाणित गर्नुभयो, तपाईंले शत्रुलाई हावी गर्नुहुनेछ। यदि तपाईंले शत्रुलाई जित्नुभयो भने, छिमेकी राज्यहरू तपाईंसँग डराउनेछन्, र यदि छिमेकी राज्यहरू डराउँछन् भने, शत्रुलाई आफ्ना सहयोगीहरूसँग सामेल हुनबाट रोकिनेछ। चेनका यी शब्दहरूले बलियो अर्थ दिन्छ कि, यदि एक शक्तिशाली राज्य एक पटक पराजित भयो (यसले आफ्ना सहयोगीहरूलाई बोलाउने समय भन्दा पहिले), त्यसका धेरै सहयोगीहरू टुक्रिनेछन् र उनीहरूको झण्डामुनि कुनै पनि युद्ध गर्नबाट रोकिनेछन्। चेन-हाओ र चांग-यू यी वाक्यहरूलाई फरक तरिकाले हेर्छन्। चेन-हाओ भन्छन्ः एक राजकुमार शक्तिशाली हुन सक्छ। तर, यदि उसले ठूलो राज्यलाई आक्रमण गर्छ भने, उसलाई ठूलो सैन्य शक्ति चाहिन्छ। यदि उसले पर्याप्त सेना जम्मा गर्न असमर्थ छ भने, उसले केही हदसम्म बाह्य सहयोगको व्यवस्था गर्नुपर्नेछ। यदि उसले यो गर्न असफल भयो र केवल आफ्नै शक्तिमा अत्यधिक भरोसा राखेर शत्रुलाई डराउन खोज्यो भने, ऊ पक्कै पराजित हुनेछ। उही समयमा, चांग-यूले आफ्नो विचार यसरी व्यक्त गर्दछ, यदि ठूलो राज्यमा हाम्रो आक्रमण लापरवाह कदम साबित भयो भने, हाम्रा आफ्नै जनता असन्तुष्ट हुनेछन्। तिनीहरू पछि हट्नेछन्। यदि (जस्तै हुनेछ) हाम्रो सैन्य बल शत्रुको आधा भन्दा कम छ भने, हाम्रा सहयोगीहरू डराउनेछन् र हामीसँग सामेल हुन अस्वीकार गर्नेछन्।)

55. त्यसकारण, उसले सबैलाई आफ्नो मित्र बनाउने प्रयास गर्दैन, सबैसँग

गठबन्धन गर्ने प्रयास गर्दैन, न अन्य राज्यको शक्तिलाई प्रोत्साहन दिन्छ। उसले चुपचाप आफ्ना खतरनाक गोप्य योजनाहरू पूरा गर्छ र आफ्ना विरोधीहरूलाई आश्चर्यचकित पार्छ।

(ली-चुआनले यसलाई विचारहरूको सवारी भन्छन्। उहाँ भन्नुहुन्छ, यो हाम्रो शत्रुहरूको संयोजन विरुद्ध प्रतिरक्षा बलियो बनाउने समय हो जस्तो देखिन्छ। उनी भन्छन् कि अब जटिल गठबन्धनहरू स्वीकार गर्न र बाहिरी मित्रताबाट टाढै बसेर आफ्नो गोप्य योजनाहरू पछ्याउन सकिन्छ। उनको प्रतिष्ठाले उनलाई हरेक काममा सक्षम बनाउँछ।)

यसरी उसले तिनीहरूका सहरहरू कब्जा गर्न र तिनीहरूका राज्यहरूलाई परास्त गर्न सक्षम छ।

(यद्यपि यो अनुच्छेद, चिन राज्यमा गम्भीर खतरा देखा पर्नु अघि धेरै वर्ष पहिले लेखिएको थियो। यो त्यो नीतिको सारांश हो जसद्वारा छ जना प्रसिद्ध अधिकारीहरूले बिस्तारै आफ्नो अन्तिम विजयको लागि मार्ग प्रशस्त गरेका थिए। यो शिह-हुआंग ती अन्तर्गत वर्णन गरिएको छ। चांग-यू, आफ्नो अघिल्लो नोटबाट पछ्याउँदै, रगतको सम्बन्धमा अलगावको स्वार्थी र अहंकारी मनोवृत्ति हुँदा यो सधैं खराब हुन्छ भन्ने सोच्दछ।)

सुन-जूले यसको निन्दा गरिरहेका छन्।

56. नियमहरूको वास्ता नगरी मानिसहरूलाई पुरस्कृत गर्नुहोस्,

(वु-जू(अध्याय 3), कम बुद्धि देखाउँदै, अगाडि बढ्ने बहादुर सिपाहीहरूलाई प्रशस्त पुरस्कार दिनुपर्छ र पछि हट्नेहरूलाई कडा सजाय हुनुपर्छ भनी भन्छ।)

आदेश जारी गर्नुहोसे

(सत्य भन्नु हो भने, घोषणा बनाउनुहोस्, विभिन्न ठाउँमा सूचनाहरू पोस्ट गर्नुहोस्।)

अहिलेसम्म के भैरहेको थियो त्यसमा ध्यान नदिई

(वांग-ह्सी भन्छन् कि यो विश्वासघात रोक्न आवश्यक छ। सेनापतिको अर्थ सु-मा-फाबाट त्साओ-कुङ्ले लिएको उद्धरणबाट स्पष्ट हुन्छ। कुनै पनि निर्देशन शत्रु देखेपछि मात्र दिनुहोस्। यदि तपाईंले सबैभन्दा योग्य

व्यक्ति पाउनुभयो भने मात्र पुरस्कार दिनुहोस्। त्साओ-कुंग विश्वास गर्दछन्, तपाईंले आफ्नो सेनालाई दिनुभएको अन्तिम निर्देशनहरू पहिले नै दिइएका निर्देशनहरूसँग मेल खाँदैन। चांग-यूले यसलाई सरल भाषामा राख्नुहुन्छ, तपाईंको व्यवस्था वा योजनाहरू पहिले नै प्रकट गर्नु हुँदैन। र चिया-लिन भन्छन्, तपाईंको नियम र प्रणालीहरूमा कुनै एकरूपता हुनु हुँदैन। समय अनुसार परिवर्तनशील राख्नुपर्छ। न केवल तपाईं आफ्नो योजनाहरू उजागर हुने खतरामा हुनुहुन्छ, तर अन्तिम-मिनेटको लडाई हम्ब्बेसी यीनै असावधानताहरूका कारणले पल्टिन्छ। त्यसकारण, तिनीहरूलाई अन्तिम क्षणमा पूर्ण रूपमा परिवर्तन गर्न आवश्यक छ।)

त्यसोभए तपाँले सम्पूर्ण सेनालाई यसरी सम्भाल्न सक्षम हुनुनेछ कि तपाईंसँग एउटा मात्र मानिस छ र तपाईंले उससँग सबै उद्देश्यहरू पूरा गर्नुपर्नेछ।

57. आफ्ना सिपाहीहरूलाई के गर्ने भनेर मात्र बताउनुहोस्, तिनीहरूलाई आफ्नो योजनाहरू कहिले पनि थाहा नदिनुहोस्।

(शाब्दिक रूपमा, तिनीहरूलाई केही पनि नभन्नुहोस्, अर्थात्, तिनीहरूलाई कुनै पनि आदेश पालन गर्ने कारणहरू नभन्नुहोस्। लर्ड मैन्सफिल्डले एक पटक एक कनिष्ठ सहकर्मीलाई आफ्ना निर्णयहरूको कुनै कारण न सोध्न वा नदिन भने। यो उखान सामान्य भन्दा पनि न्यायाधीशमा लागू हुन्छ।)

जब बाहिर सबै कुरा ठीक छ, दृष्टिकोण स्पष्ट छ, आफ्नो योजनाहरू छलफल गर्नुहोस्; तर जब अवस्था निराशाजनक छ, तिनीहरूलाई केहि नभन्नुहोस्।

58. आफ्नो सेनालाई घातक संकेतमा राख्नुहोस्, र यो बाँच्नेछ। निराश भएर समुन्द्रमा फ्याँकिदिनुहोस्, त्यो अझै सकुशल फर्केर आउनेछ।

(सुन-जूका यी शब्दहरू हान-सीनले एक पटक युद्धमा प्रयोग गरेको रणनीतिको व्याख्या गर्न उद्धृत गरेका थिए। त्यो लडाई उनको जीवनको सबैभन्दा शानदार लडाईहरू मध्ये एक थियो। 204 ईसा पूर्वमा चाओको सेनाको विरुद्ध चिंग-हिंग पासको मुखबाट दस माइल टाढा, जहाँ शत्रु पूर्ण शक्तिमा अघि बढेको थियो, त्यही उनी पराजित भए। मध्य रातमा चाओले दुई हजार राँको बोक्ने घोडचढीको सेनालाई अलग गर्यो। तिनीहरूमध्ये प्रत्येकले हातमा रातो झण्डा बोकेका

थिए। चाओले तिनीहरूलाई साँघुरो च्यानलहरू पार गर्न र चाओका मानिसहरू माथि गोप्य निगरानी राख्न आदेश दिए। चाओको यो तयारी देखेर हान-सीले भने, जब तिनीहरूले हाम्रो सेना र तयारीहरू देख्छन्, तिनीहरूले आफ्नो किल्लाहरू त्यागेर हामीलाई पछ्याउन छोड्छन्। हान-सीनले भने, तत्काल कारबाही गर्ने तयारी गर्दै, चाओको मापदण्ड भत्काउने र आफ्नो सेनाको हातमा रहेको रातो झण्डाको सट्टा हानको झण्डा थपाउने तयारी गर्नुपर्दछ। त्यसपछि आफ्ना अन्य अधिकारीहरूतर्फ फर्केर हान-सीनले टिप्पणी गरे, हाम्रो शत्रु बलियो स्थितिमा छ, र जबसम्म उसले विपक्षी सेनापतिको ढोलको आवाज सुन्दैन, ऊ बाहिर आउँदैन र हामीमाथि आक्रमण गर्ने सम्भावना छैन। डराउँदा, पछाडि फर्कनुहोस् र पहाडहरूबाट भाग्ने बाटो बनाउनुहोस्। यसो भन्दै उनले पहिले आफ्ना दश हजार सिपाही भएको एउटा समूह पठाए र तिनी नदीतिर आफ्नो पिठ्यूँ फर्काएर उभिन र युद्धको लागि आउँने आदेशलाई पर्खन आदेश दिए। हान-सीनको सेनाको यो चाल देखेर चाओको सम्पूर्ण सेना ठुलो स्वरले हाँसे। त्यतिन्जेल दिनको उज्यालो भयो र हान-सीन आफ्नो झण्डा फहराउँदै बाहिर आए। तुरुन्तै ढोल बजाउन थाल्यो र उसलाई पासमा दुश्मनले घेरेको थियो। त्यहाँ हान-सीन र चाओका सेनाहरू बिच ठुलो युद्ध भयो, जुन लामो समयसम्म चल्यो। हान-सीन र उनका सहयोगीहरूले चांग-नी मैदानमा नगाडा र झण्डाहरू छोडेर नदी किनारतिर लागे, जहाँ अर्को भीषण युद्ध चलिरहेको थियो। शत्रुहरू उनीहरूलाई पछ्याउन र बाटोमा भेटिएका बहुमूल्य सामानहरू जम्मा गर्न हतारिए। यसरी उनका मानिसहरू अग्ला पर्खालहरूले घेरिएको सहरमा प्रवेश गर्न सफल भए। दुवै पक्षका सेनापतिहरू अर्को सेनामा सामेल हुन सफल भए, जुन हतासाले लडिरहेको थियो। अब दुई हजार घोडसवारहरूले आफ्नो भूमिका निर्वाह गर्ने समय आयो। चाओका मानिसहरूलाई पछ्याइरहेको देख्ने बित्तिकै, तिनीहरू सुनसान पर्खालहरू पछाडि दौडे, शत्रुका झण्डाहरू च्यातिए र तिनीहरूलाई हानका झण्डाहरू थमाइयो। चाओ सेनाले फर्केर हेर्दा ती रातो झण्डाहरू देखेर डराए। हंसले राज्यमा प्रवेश गरी राजालाई आफ्नो कब्जामा लिएको विश्वास गर्दै तिनीहरू डराए। हरेक प्रयासलाई व्यर्थ नहोस् भनेर उनीहरूका नेताहरूले प्रयास गर्न थाले।

त्यसपछि हानको सेनाले उनीहरूलाई दुवै पक्षबाट आक्रमण गरे र युद्ध सुरु भयो। धेरै संख्यामा मानिसहरू मारिए र बाँकी रहेकाहरूलाई कब्जा गरियो, जसमा राजा चाओ आफैं पनि थिए। युद्ध पछि हान-सीनका केही अधिकारीहरू उहाँकहाँ आए र भने, "युद्धको कला अनुसार, हामीलाई दायाँपट्टि पहाड कब्जा गर्न भनिन्छ, वा बाँयामा नदी वा दलदल कब्जा गर्न भनिन्छ। (यो सुन-जू र ताई-कुङ्को विचारको मिश्रण हो जस्तो देखिन्छ।) यसको विपरित, तपाईंले हाम्रो सेनाहरूलाई उनीहरूको पछाडि नदीतर्फ पीठ्यू राख्ने आदेश दिनुभयो। यस्तो अवस्थामा कसरी जित हासिल गर्न सफल भयो ? सेनापतिले जवाफ दिए, मलाई डर छ कि हजुरहरूले युद्ध कलालाई राम्ररी ध्यान दिएर अध्ययन गर्नुभएन। त्यहाँ लेखिएको हैन, संकटपूर्ण अवस्थामा आफ्नो सेनालाई गहिरो समुन्द्रमा डुबाइदिनुहोस्, त्यो अवश्य बाहिर निस्कन्छ र फर्कन्छ; सेनालाई घातक खतरामा राख्नुहोस्, यसले भाग्ने आफ्नै बाटो फेला पार्नेछ। यदि मैले यी परिस्थितिहरूमा सामान्य मार्ग अपनाएको भए, म मेरा सहकर्मीहरूलाई मेरो नजिक ल्याउन कहिल्यै सक्षम हुने थिइनँ। सैन्य साहित्यले के भन्छ, शत्रुको चीजमा अचानक हानेर आफ्नो सेनालाई लड्न लगाउनुहोस्।

(यो अनुच्छेदमा सुन-जूको वर्तमान पाठमा पाइँदैन।)

यदि मैले मेरा सिपाहीहरूलाई यस्तो अवस्थामा नराखेको भए, जहा उनीहरू आफ्नो जीवनको लागि लड्न बाध्य हुनेथिए र त्यतिबेर तिनीहरूले जे पनि गर्थे। केही पनि गर्न असम्भव छैन। तर, यदि प्रत्येक व्यक्तिलाई आफ्नो विवेकलाई पछ्याउन अनुमति दिएको भए, त्यहाँ सामान्य विवाद हुनेथियो र परिणाम कहिल्यै हाम्रो पक्षमा हुने थिएन। अधिकारीहरूले उनको तर्कलाई स्वीकार गर्दै भने, यी उच्च रणनीतिहरू हुन् जसलाई हामीले अनुसरण गर्न सक्नुपर्थ्यो।

59. किनभने ठ्याक्कै जब शक्ति जोखिममा हुन्छ, त्यो जित्नको लागि थप प्रयास गर्न सक्षम हुन्छ।

(जोखिमको प्रभाव धेरै शक्तिशाली हुन्छ।)

60. युद्धमा सफलता शत्रुको लक्ष्य वा उद्देश्यमा आफूलाई सावधानीपूर्वक अनुकूलन गरेर प्राप्त हुन्छ।

(त्साओ-कुङ भन्छन्, शत्रुको लक्ष्य वा उद्देश्य असफल बनाउन आफूले मूर्खताको बहाना गर्नु, शत्रुको इच्छाको अगाडि झुक्नु र लड्नु आवश्यक छ। चांग-यू को टिप्पणीले यो स्पष्ट पार्छ: यदि शत्रु अगाडि बढ्नलाई झुक्यो भने, तपाईं अगाडि बढ्नुहोस्, उसलाई त्यसो गर्न प्रलोभन दिनुहोस्। यदि ऊ पछाडि फर्कन उत्सुक छ भने, यसलाई ढिलो गर्नुहोस् ताकि तपाईंले आफ्नो मनसाय पूरा गर्न सक्नुहुन्छ। हामीले हाम्रो आक्रमण सुरु गर्नु अघि त्यो व्यक्तिलाई माफ गर्ने वा अपमान गर्ने उद्देश्य हो।)

61. शत्रुको पछाडि बलपूर्वक झुण्ड्याएर,

(मैले बुझेको कुरा भनेको शत्रुलाई एकै दिशामा बहकाइरहनु हो। त्साओ-कुङ भन्छन्, सेनाहरू एकजुट गर्नुहोस् र शत्रुमाथि आक्रमण गर्न तयार हुनुहोस्। तर चरित्रमा यस्तो हिंसक परिवर्तन ल्याउनु पनि राहि होइन, अक्षम्य छ।)

हामी लामो समयमा सफल हुनेछौँ,

(शाब्दिक रूपमा, हजार ली पछि।)

शत्रु सेनाको सर्वोच्च अधिकारी अर्थात् सेनापतिको हत्यामा।

(चिनियाँहरूमा सधैँ ठुलो समझदारी रहेको छ।)

62. यसलाई शुद्ध चतुराईले आफ्नो लक्ष्य हासिल गर्ने क्षमता भन्छ।

63. तपाईंले सेना वा देशको कमान्ड लिने दिन, सीमामा रहेका नाकाहरू बन्द गर्नुहोस् र आधिकारिक यात्राको लागि अनुमति रद्द गर्नुहोस्।

(यी अनुमतिहरू बाँस वा काठका टुक्राहरूमा जारी गरिएको थियो। गेट इन्चार्जका अनुसार तीमध्ये आधा अधिकारीले परमिट वा राहदानीका रूपमा पठाएका हुन्। आधा परमिट निश्चित अवधिभित्र उनलाई फिर्ता गरिएको थियो। उसलाई गेट खोल्न र यात्रुलाई भित्र पस्न अनुमति दिने अधिकार दिइएको थियो।)

सबै सन्देशवाहकहरूको आवतजावतमा प्रतिबन्ध लगाउनुहोस्।

(यी सन्देशवाहकहरू तपाईंको देशबाट वा शत्रु देशका हुन सक्छन्।)

64. परामर्श कोठामा कडा हुनुहोस्

(आफूलाई कमजोर नदेखाउनुहोस्, राजाको अगाडि आफ्ना योजनाहरू प्रदर्शन गर्नुहोस्। राजाबाट समर्थन प्राप्त गर्न जोड दिनुहोस्।)

त्यसोभए, तपाईंले स्थितिलाई राम्रो तरिकाले नियन्त्रण गर्न सक्नुहुन्छ।

(मेई याओ-चेनले सम्पूर्ण वाक्यको अर्थ यसरी बुझेका छन्: आफ्नो रणनीतिको गोपनीयता सुनिश्चित गर्न यो धेरै महत्त्वपूर्ण छ। यसलाई कायम राख्न चरम ख्याल राख्नुहोस्।)

65. यदि शत्रुले कुनै ढोका खुला छोड्यो भने, यसलाई अवसरको रूपमा लिनुहोस्। तुरुन्तै भित्र दौडिनुपर्छ।

66. आफ्नो प्रतिद्वन्द्वीलाई सबैभन्दा प्यारो लाग्ने कुरालाई समात्नुहोस्, त्यसलाई कब्जा गर्नुहोस्। पहिले उहाँमा काम गर्नुहोस् र उहाँ आउनु अघि बाहिर लुकाउनुहोस्।

(चेन-हाओ भन्छन्, यदि मैले शत्रु देखा पर्नको लागि अनुकूल परिस्थिति सिर्जना गरे तर शत्रु देखा परेन भने कुनै पनि प्रयासलाई व्यावहारिक लाभमा परिणत गर्न सकिँदैन। त्यसैले शत्रुको महत्त्वपूर्ण स्थान कब्जा गर्न चाहनेले आफ्नो प्रतिद्वन्द्वीसँग कुशलतापूर्वक व्यवहार गर्नुपर्छ र केही कलात्मक कार्यक्रमहरू सञ्चालन गर्नुपर्छ। शत्रुलाई पनि त्यहाँ जान मनाउनुपर्छ। यसका लागि जासूसलाई माध्यमको रूपमा प्रयोग गर्न सकिन्छ। मेई याओ-चेन बताउँछन् कि यस कार्यक्रमको बारेमा जानकारी आफ्नै जासूसहरू मार्फत शत्रुलाई प्राप्त गरोस्। हामीले विपक्षी देशलाई दिन चाहेको जति जानकारी उसले पाउन् भन्ने ख्याल गर्नुपर्छ। त्यसपछि, शत्रु आउनु अघि आफ्नो मनसायलाई चलाखीपूर्वक खुलासा गरेर आफ्ना अधिकारीहरूसँग आवश्यक व्यवस्था गर्नुहोस्। शत्रु निस्कने बित्तिकै उसको पछाडि हाम्रो एउटा फौज पठाउनुपर्छ, ताकि ऊ त्यहाँ जान्छ भन्ने सुनिश्चित गर्न सकियोस्। अब हामी कुनै झन्झट बिना त्यो ठाउँ कब्जा गर्न पहिले तोकिएको ठाउँमा पुग्नुपर्छ। यसरी लिइएको वर्तमान अनुच्छेदले मेई याओ-चेनको व्याख्यालाई केही हदसम्म समर्थन गर्दछ।)

67. युद्धका नियमहरू द्वारा निर्धारित मार्ग अनुसरण गर्नुहोस्,

(चिया-लिन भन्छन्, आखिरमा जित मात्र महत्त्वपूर्ण छ। यो परम्परागत सिद्धान्तहरू पालन गरेर हासिल गर्न सकिँदैन।)

यो दुर्भाग्यपूर्ण छ कि हालको संस्करणको अधिकार क्षेत्र धेरै सीमित छ। तर, यसबाट विकसित भएको बुझाइ पक्कै पनि धेरै सन्तोषजनक छ। हामीलाई थाहा छ, नेपोलियनले युद्धका सबै स्वीकृत सिद्धान्तहरू उल्लङ्घन गरेर, मास्टर रणनीतिकारहरू र दिग्गजहरूलाई पराजित गरेर आफ्नो युद्धहरू जितेका थिए।)

र निर्णायक लडाईँ लइन नसकेसम्म शत्रुसँग आफूलाई अनुकूल बनाउनुहोस्।

(तु-मू भन्छन्, अनुकूल अवसर नआएसम्म शत्रुको रणनीति अनुरूप चल्नुहोस्। मौका पाउने बित्तिकै अगाडि आउनुहोस् र आफ्नो लडाईँ कौशल प्रदर्शन गर्नुहोस्। निर्णायक साबित हुने युद्ध लइनुहोस्।)

68. शत्रुले तपाईंलाई प्रारम्भिक अवसर नदिएसम्म सबैभन्दा पहिले, कुमारी केटी जस्तै लजालुपन देखाउनुहोस्। मौका पाउने बित्तिकै दौडिरहेको खरायो जस्तै छिटो हुनुहोस्। जबसम्म शत्रुले तपाईंको हतारको कारण बुझ्न सक्नेछ, उसलाई धेरै ढिलो भइसकेको हुनेछ, शत्रुले तपाईंको विरोध गर्न सक्नेछैन।

(खरायो आफ्नो चरम समयनिष्ठताको लागि परिचित छ, यसलाई अरूसँग तुलना गर्नु उचित हुँदैन। तर, सुन-जू निश्चित रूपमा यहाँ गतिको बारेमा कुरा गरिरहेका थिए। उनी भन्छन्, "तिमी भाग्ने खरायो जस्तै शत्रु भन्दा छिटो दौडनु पर्छ", तर तुमूले यसलाई अस्वीकार गर्दछन्।)

XII

आगो द्वारा आक्रमण

(आधा भन्दा बढी अध्याय (1-13) आगोको विषयमा समर्पित छ जस पछि लेखकले अन्य विषयहरूका बारेमा भन्नुहुन्छ।)

1. सुन-जू भन्छन्: शत्रुलाई नष्ट गर्न आगोले आक्रमण गर्ने पाँच तरिकाहरू छन्। पहिलो त सिपाहीहरूलाई आफ्नो शिविरमा जलाउनु हो।

(त्यसोभए तु-मू र ली-चुआन भन्दछन् शिविरमा आगो लगाउनुहोस् र सिपाहीहरूलाई मार्नुहोस् (जब तिनीहरू आगोबाट भाग्न खोज्छन्)। पान-चाओलाई शान-शानका राजा ह्स्पीङ-नुको कूटनीतिक नियोगमा पठाइएको थियो (अध्याय XI हेर्नुहोस्, 51, नोट)। ह्सीङ-नुले एउटा दूतको अप्रत्याशित आगमनले आफूलाई चरम संकटमा पाए। आफ्ना अधिकारीहरूसँग परामर्श गरेपछि उनले अब रात पर्नेबित्तिकै बारबेरियन जनतामाथि आगोले प्रहार गर्ने एउटै विकल्प रहेको बताए। अन्धकारको कारण तिनीहरूले हामीलाई पहिचान गर्न वा हाम्रो संख्या अनुमान गर्न सक्षम हुनेछैनन्। उनीहरू अचानकको आक्रमणले आतंकित हुनेछन् र यस अवस्थाको फाइदा उठाउँदै हामी तिनीहरूलाई पूर्ण रूपमा नष्ट गर्नेछौं। यसले, हाम्रो मिशनको सफलता सुनिश्चित गर्नुको साथ, राजाको साहसलाई बढावा दिनेछ र हाम्रो गौरव बढाउँने छ। यस विषयमा सबै पदाधिकारीले छलफल आवश्यक रहेको बताउँदै योजनालाई सफल बनाउन रणनीति बनाउनुपर्ने

बताए। यससँगै पान-चाओ गहिरो सोचमा डुबे। उनले आज नै आफ्नो भविष्यको सफलताको कामना गरेको सोचेका थिए। भाग्यले फैसला गर्नुपर्छ। लज्जास्पद मृत्यु बहादुर योद्धाहरूलाई सुहाउँदैन। त्यसपछि सबै आफ्नो इच्छा अनुसार यात्रा गर्न तयार भए। रात परेपछि, उनी र उनका सिपाहीहरूको एउटा सानो समूह तुरुन्तै बारबेरियन हरूको शिविरमा आफ्नो ठाउँ बनाए। त्यतिबेला तिब्र गतिमा आँधी चलिरहेको थियो। पान-चाओले यी सेनाहरूलाई शत्रुको शिविरको पछाडि ढोल लिएर लुक्ने आदेश दिए। यो व्यवस्था गरिएको थियो कि जब तिनीहरूले आगो देख्छन्, तिनीहरूले आफ्नो सम्पूर्ण शक्तिले ढोल पिट्न र कराउँन थाल्नुपर्छ। उहाँले धनुष र बाण र अन्य हतियारहरूले सशस्त्र भएका मानिसहरूलाई शत्रुको क्याम्पको प्रवेशद्वारमा बस्न आदेश दिनुभयो। हावा अनुकूल हुनेबित्तिकै पूर्वनिर्धारित ठाउँमा आगो बालियो। आगोको बिचमा चिच्च्याहट र ढोल र नगाडाको गगनभेदी आवाज आयो। शत्रु सेनाका सबै योजना र तयारीहरू असफल भए। पान-चाओ ले तिनीहरूमध्ये धेरैलाई आफ्नै हातले मारे, जबकि उनका अन्य साथीहरूले शत्रु सिपाहीहरूको टाउको काटिदिए। एक सय भन्दा बढी शत्रु सिपाहीहरू भयङ्कर आगोमा मारिए। भोलिपल्ट, पान-चाओले आफ्नो हात उठाए र आफ्नो विचार बदल्दै भनेः यद्यपि तपाईंले हिजो राती हाम्रो अधिकारलाई स्वीकार गर्नुभएन र हामीसँग जानुभएन, मैले तपाईंको बारेमा गलत सोच्चु हुँदैन। श्रीमान, यो हाम्रो शोषणको एउटा तरिका थियो जसको श्रेय हाम्रो सेनालाई जान्छ। पान-चाओका यी शब्दहरूबाट कुओ-ह्सुन सन्तुष्ट भए र उनले पान-चाओलाई शान-शानको राजा कुआङ कहाँ पठाए र उनलाई बारबारियन जनजातिको प्रमुखसँग कुरा गर्न भने। सारा राज्य भयभीत भयो र काँप्न थाल्यो। पान-चाओले यसलाई शान्त पार्न सार्वजनिक घोषणा गरे र शान्ति पुनर्स्थापनाका लागि कदम चाले। राजाका छोराहरूलाई बन्धक बनाएर उनी आफ्नो प्रतिवेदन तोउ-कूलाई दिन फर्के।)

दोस्रो भण्डारहरू जलाउनु हो;

(तु-मूले इन्धन, घाँस र उपलब्ध स्रोतहरूको कुरा गर्छन्। उनी भन्छन् कि किआंगनानका विद्रोहीहरूलाई परास्त गर्न काओ-केङले सुई वंशका वेन-तीलाई आवधिक छापा मार्ने र अन्न भण्डारहरू नष्ट गर्न

आदेश दिए। यो नीति लामो अवधिमा पूर्ण रूपमा प्रमाणित भयो।)

तेस्रो भनेको सामान बोक्ने गाडी जलाउनु हो।

(यसका लागि युआन-शाओको उन्मूलनका लागि सन् 200 ई. मा साओ-साओले सिर्जना गरेको अवरोधको उदाहरण लिन सकिन्छ।)

चौथो हतियार र खजाना जलाउने हो।

(तु-मू भन्छन् कि शस्त्रागार र हतियारको आपूर्तिलाई समाप्त गर्नु आवश्यक छ। हतियारसँगै अन्य स्रोत र उपकरणहरू पनि नष्ट गर्नुपर्छ। लुगा जलाउनुपर्छ।)

पाँचौँ भनेको माथिबाट शत्रुमाथि आगोको गोलो वर्षा गर्नु हो।

(तु-यूले तुंग-तियेनमा शत्रुको शिविरमा आगो फाल्न भन्छन्। उनले तेलमा तीरहरू डुबाएर शत्रु सेनामा हानेर आगो बाल्ने कुरा गर्छन्। यसरी शत्रुलाई नष्ट गर्न सकिन्छ भन्ने विश्वास छ।)

2   हामीसँग आक्रमण गर्नको लागि उपलब्ध साधनहरू हुनुपर्छ

(यहाँ त्साओ-कुंगले शत्रुको शिविरमा रहेका देशद्रोहीहरूको पनि उल्लेख गरेका छन्, ताकि आवश्यक परेमा उनीहरूबाट सहयोग प्राप्त गर्न सकियोस्। तर चेन-हाओको यो कुरा धेरै सही हुने सम्भावना छ कि हामीसँग सामान्य रूपमा अनुकुल परिस्थिति हुनुपर्दछ न त महत्को लागि गद्दारहरू माथि निर्भरशील बनौं। चिया-लिन हावा र सुख्खा मौसमको फाइदा उठाउने बारे कुरा गर्छन्।)

आगो लगाउने सामाग्री सधैँ तयार राख्नुपर्छ।

(तु-मूले आगो बनाउनको लागि सुख्खा तरकारी, बोक्रा, दाउरा, ग्रीस, पराल, चिल्लो, तेल, आदिलाई प्रयोग गर्ने सामग्रीको रूपमा सुझाव दिन्छन्। तिनीहरूले यसलाई प्रयोग गर्नुको कारण भौतिक अवस्था भनि भन्छन्। चाग-यू भन्छन् कि आगो निभाउनका लागि भाँडाकुँडाहरू र आगो जलाउनका लागि ज्वलनशील वस्तुहरूको व्यवस्था गर्नुहोस्।)

3.   आगोले आक्रमण गर्ने सही मौसम हुनुपर्छ र आगो लगाउनको लागि विशेष दिनहरू छन्।

4.   धेरै सुख्खा मौसम आगो सुरु गर्नको लागि उपयुक्त हुन्छ। विशेष दिनहरू ती

हुन् जब चन्द्रमा विशेष स्थानमा बसेको हुन्छ। पूर्णिमा, औंसी वा बिचमा पर्ने दिनहरू आगो बाल्लिका लागि उपयुक्त छन्।

(यिनीहरू चिनियाँ राशि अनुसार क्रमशः औंसी वा पूर्णिमा पछि 7 औं, 14 औं, 27 औं र 28 औं दिन हुन सक्छन्।) किनभने यी चार दिन हावा चल्ने दिन हुन्।

5. आगोले आक्रमण गर्दा पाँच सम्भावित परिस्थितिहरूको लागि सधैं तयार हुनुपर्छ।

6   (1) शत्रुको क्याम्पमा आगो लगाउँदा बाहिरबाट पनि तत्काल आक्रमण गर्न तयार हुनुहोस्।

7,   (2) आगोले भयङ्कर रूप लिंदा पनि शत्रुका सिपाहीहरू शान्त भए भने बाहिर उभिएर पर्खनु र आक्रमण गर्ने गल्ती नगर्नु।

(आगोले आक्रमण गर्नु भनेको तिनीहरूलाई भ्रमित गर्नु हो। यदि दुश्मन भ्रमित भएन भने, यसको मतलब उसले हामीमाथि आक्रमण गर्न तयार छ। त्यसैले होसियार हुनुपर्छ।)

8   (3) जब आगो माथि उड्न थाल्छ, आक्रमण गर्नुहोस्। यदि यो आवश्यक छैन भने, आफ्नो ठाउँमा बस्नुहोस्। आगो निभिएपछि शत्रुको अवस्था अनुमान गर्नुहोला।

(त्साओ-कुङ भन्छन् कि यदि तपाईंले सम्भावित बाटो देख्नुभयो भने, अगाडि बढ्नुहोस्, तर यदि तपाईंले ठुलो कठिनाइ भट्नुभो भने, टाढा जानुहोस्।)

9.   (4) बाहिरबाट आगोले शत्रुलाई आक्रमण गर्न सम्भव छ भने त्यसलाई भित्रसम्म फैलिने प्रतीक्षा नगर्नुहोस्, बरु उपयुक्त समयमा पूर्ण शक्तिका साथ आक्रमण गर्नुहोस्।

(तु-मू भन्छन् कि अघिल्लो बिन्दुले शत्रुको शिविर भित्र आगो सुरु भएको संकेत गरेको छ (या त संयोगवश वा अरू कसैबाट)। उनी थप भन्छन् कि यदि शत्रुले सुख्खा घाँसको थुप्रो नजिकै शिविर लगाएको छ भने, वा उसले आफ्नो शिविर यस्तो ठाउँमा बनाएको छ जहाँ आगो लगाउन सजिलो छ, त्यसोभए कुनै पनि मौसमी अवसर अथवा दिनलाई पर्खनु पर्दैन। शत्रुमाथि आक्रमण गर्नलाई हामीले आफूसँग

सधैँ आगो राख्नु पर्दछ र मौका मिल्नासाथ उसको विरुद्ध आगोलाई हतियारको रूपमा प्रयोग गर्नुपर्दछ। हामीले शत्रुको शिविर भित्र आगो फैलिनको लागि पर्खनु हुँदैन। आक्रमण यस्तो हुनुपर्छ हाम्रो विरोधीले आफै छेउ-छाउका रूख-पात, जंगल जलाओस् र यसरी हाम्रो आफ्नै प्रयास फलदायी साबित होस्। प्रसिद्ध ली-लिङ्ले एकपल्ट ह्सिउंग-नका नेतालाई यसरी चकित गरेथ्ये। पछि अनुकूल हावाको फाइदा उठाउँदै ली-लिंगले चिनी सेनापतिको शिविरमा आगो लगाउने प्रयास गरे।

योभन्दा पहिले ह्सिउंग-नुका नेताहरूको उसले हानि पुर्‍याउने अधि नै, ह्सिउंग-नुले आतङ्कित नेताहरूले आफ्नो शिविरको छेउ-छाउका सबै वनस्पति र सुख्खा रूखमा आफै आगो लगाए। 184 ईस्वीमा, पहेंलो टर्बन लगाउने विद्रोहीहरूका सेनापति, पो-त्सईले सामान्य सावधानीहरूलाई बेवास्ता गरे र पूर्ण रूपमा पराजित भएका थिए। पो-त्सईले ठुलो सेनाको नेतृत्व गर्ने चांग-शेलाई घेरा हाल्ने प्रयास गरिका थिए, जसलाई हुआंग-फू-सुंगले कब्जा गरेका थिए। सेना निकै सानो थियो। विपक्षी सेनाका सबै तहमा त्रास फैलियो। त्यसैले हुआंग-फू-सुंगले आफ्ना अधिकारीहरूलाई बोलाएर युद्धमा आक्रमणको धेरै अप्रत्यक्ष विधिहरू छन् र प्रत्येक कार्यको लागि स्रोतहरू गणना गर्न सकिँदैन भन्नुभो। हावा चल्दा सजिलै जल्ने घना घाँसको बिचमा विद्रोही शिविर उभिएको देखिने गरी साहसका साथ हामीले यस्तो अवस्था सिर्जना गर्न सक्छौं। यदि हामीले यसलाई राती आगो लगाउँछौं भने, तिनीहरू आतंकित हुनेछन् र हामी तिनीहरूलाई एकैचोटि चारैतिरबाट आक्रमण गर्न सक्छौं। सोही साँझ, एउटा दह्रो हवा चल्यो, त्यसैले हुआंग-फू-सुंगले आफ्ना सिपाहीहरूलाई काटेको रूखहरू राँकोमा बाँधेर सहर बाहिर पहरेदार खडा हुन निर्देशन दिए। यसपछि उनले शक्तिशाली सिपाहीहरूको समूह पठाए र गोप्य रूपमा रूखहरूका बिचमा आफ्नो बाटो बनाए र ठुलो स्वरले चिच्याउँदै अगाडि बढ्न थाले। अगाडि बढ्दै गर्दा, तिनीहरूले आफ्नो पछाडिको रूखहरूमा आगो लगाए र सुरक्षित ठाउँमा पुगे। जङ्गलमा आगो लाग्ने बित्तिकै, सहरका पर्खालहरू उज्यालो भए र हुआंग-फू-सुंग आफ्नो सेनासँग ढोल बजाउँदै द्रुत गतिमा अघि बढे। हुआंग-फू सुंगको चालले

विद्रोहीहरूलाई अन्योलमा फ्याँक्यो। उसले केही बुझ्न सकेन। उनीहरू मुन्टो टेकेर भुइँमा लड्न बाध्य भए।

10. (5) हावाको दिशा बुझेर मात्र शत्रु सेनामाथि आगो लगाउनु पर्छ। विपरीत दिशामा हावा चलिरहेको बेला आक्रमण गर्ने हिम्मत कहिल्यै नगर्नुहोस्।

(चांग-यू यहाँ तु-यूलाई पछ्याउँछन्। तिनीहरू भन्छन् कि यदि तपाईंले आगो बाल्नुभयो भने, शत्रु त्यहाँबाट पछि हट्नेछ, यदि तपाईंले उसलाई पछाडिबाट आक्रमण गर्नुभयो भने, उसले घात लगाएर आक्रमण गर्नेछ, जुन तपाईंको सफलताको लागि अनुकूल हुनेछैन। थप स्पष्ट व्याख्या तु-मू द्वारा दिइएको छः यदि हावा पूर्व दिशामा चलिरहेको छ भने, पूर्वमा घात लगाएर बसेका शत्रुहरूलाई जलाउन सुरु गर्नुहोस्। अर्थात् हावाको दिशामा आधारित तपाईंको आक्रमणको योजना बनाउनुहोस्। यदि तपाईंले पूर्वबाट आगो लगाउनुभयो, र पश्चिमबाट आक्रमण गर्नुभयो भने, तपाईं तपाईंको शत्रु जस्तै समस्यामा पर्नुहुनेछ।)

11. दिउँसो उठ्ने हावा लामो समयसम्म चलिरहन्छ तर राती उठ्ने हावा छिट्टै शान्त हुन्छ।

(लाओ-त्जु भन्छन्ः बिहानको हावा हिंस्रक हुन सक्दैन, यसले हरेक दिन ताजगी ल्याउँछ (ताओ-ते-चिंग, अध्याय 23)। मेई-याओ-चैन र वांग-ह्सी भन्छन् कि दिनको चिन्ता रातमा हराउँछ, र रातको चिन्ता दिनमा हराउँछ। यो कुनै पनि सेनापतिको एक सामान्य सिद्धान्त हो। देखेको घटना धेरै हदसम्म सत्य हुन सक्छ, तर यो भावनालाई जीवनमा कसरी उतार्ने हो भन्ने स्पष्ट छैन।)

12. प्रत्येक सेनाले शत्रुलाई नष्ट गर्न आगो लगाउने यी पाँच तरिकाहरू जान्नु पर्छ, ताराहरूको स्थितिको हिसाब जान्नु पर्छ र उपयुक्त समयको ख्याल राख्नुपर्छ। ताकि समयमै कारबाही गर्न सकियोस्।

(तु-मू भन्छन् कि हामीले ताराहरूको स्थिति गणना गर्नुपर्छ र आगोले आक्रमण गर्नु अघि हावा उठ्ने दिनहरू पर्खनुपर्छ र तपाईंको आक्रमण घातक साबित हुनेछ। हांग-यू यसलाई अलग्गै तारिकाले भनेको प्रतीत हुन्छ। उनी भन्छन् हामीले हाम्रा प्रतिद्वन्द्वीहरूलाई आगोले आक्रमण गर्न मात्र होइन, तिनीहरूद्वारा हुने यस्तै आक्रमणहरू विरुद्ध हाम्रो रक्षात्मक रेखा तयार राख्नुपर्छ।)

13. आक्रमणमा मद्दत गर्न आगो प्रयोग गर्नेहरूले बुद्धि देखाउँछन्। तिनीहरूको आक्रमणलाई मद्दत गर्न पानी प्रयोग गर्नेहरूले बल प्राप्त गर्छन्।

14. शत्रुलाई पानीबाट रोक्न सकिन्छ, तर तिनीहरूको मालसामान लुट्न सकिँदैन।

(त्साओ-कुंग भन्छन्: हामी केवल शत्रुको बाटोमा अवरोध गर्न सक्छौं वा उसको सेनालाई विभाजित गर्न सक्छौं, तर उसको सबै संचित संसाधनहरू नष्ट गर्न सक्दैनौं। पानीले शत्रुलाई रोक्न सक्छ, तर यो आगो जस्तो विनाशकारी साबित हुन सक्दैन। यसैले पानीद्वारा शत्रुलाई घेरा हाल्ने विधिलाई पहिलेका वाक्यहरूमा अस्वीकार गरिएको छ। चांग-यूले आक्रमणको लागि पानी भन्दा आगो राम्रो छ भन्ने निष्कर्ष निकाले। यही कारणले गर्दा आगलागी आक्रमणको बारेमा विस्तृत चर्चा भएको छ। तसर्थ वु-त्जू (अध्याय 4) ले दुईवोटा तत्वका बारेमा कुरा गर्दा यसो भने: यदि शत्रु सेनाको शिविर तल्लो दलदली भूमिमा छ जहाँबाट पानी निस्कन सक्दैन, त्यहाँ शत्रुलाई घेर्न पानी प्रयोग गर्न सकिन्छ। त्यो क्षेत्रलाई जलमग्न पार्न सकिन्छ। यदि एउटा सेना बाक्लो घाँस र झाडीहरूले ढाकिएको जङ्गली दलदली भूमिमा सेनाले छाउनी राखेको छ र बारम्बार आँधीबेहरी आइपरेको छ भने त्यो आगोले नष्ट हुन सक्छ।)

15. दुर्भाग्यपूर्ण त्यो मानिस हो जसले युद्ध जिते प्रयास गर्छ र जिते साहस विकास नगरी आफ्नो आक्रमणमा सफल हुन्छ, किनभने परिणाम समयको बर्बादी र सामान्य गतिहीनता हुनेछ।

(यो सुन-जूको लागि सबैभन्दा कठिन चीजहरू मध्ये एक हो जुन छक्क पर्न सक्छ। त्साओ-कुंग भन्छन्: राम्रो सेवाको लागि पुरस्कार कहिल्यै रोकिनु हुँदैन। उहाँलाई सधैं सम्मान गर्नुपर्छ। र तु-मू भन्छन्: यदि तपाईंले योग्य मानिसहरूलाई पुरस्कृत र पदोन्नतिको अवसर दिनुहुन्न भने, तपाईंका अधीनस्थहरू तपाईंको आज्ञा पालन गर्न हिचकिचाउँछन्। यदि यस्तो भयो भने, यो कुनै पनि राज्यको लागि विपत्ति हुनेछ। राज्य विनाशको समीप पुग्छ। धेरै कारणहरूले गर्दा म मेई-याओ चैनले सुझाव दिएको व्याख्यालाई प्राथमिकता दिन्छु। यहाँ म उहाँका शब्दहरू उद्धृत गर्न चाहन्छु: आफ्नो सफलता सुनिश्चित

गर्न चाहनेहरूले युद्ध र आक्रमणका लागि अनुकूल क्षणहरू गुमाउनु हुँदैन। जब पनि यस्ता क्षणहरू आउँछन्, तिनीहरूलाई साहसपूर्वक प्रयोग गर्नुहोस्। यसले तपाँको सफलतालाई बढाउँछ। तिनीहरू आगो, पानी र आक्रमणका अन्य धेरै समान साधनहरू भन्दा कम छैनन्। सही समयमा सही हतियारको सहारा लिनुपर्छ। के गर्नु हुँदैन भन्ने कुरामा विचार गर्नुपर्छ। आक्रमणको सबैभन्दा घातक क्षण तब साबित हुनेछ जब तपाईं पहिले चुपचाप बस्नुहोस् र तपाईंले प्राप्त गरेका अवसरहरू मात्र प्रयोग गर्नुहोस्।)

16. त्यसकारण, यो भन्नु सही छ कि एक प्रबुद्ध शासकले आफ्नो योजनाहरू पहिले नै तयार गर्दछ। एउटा राम्रो सेनापतिरले योजना अनुसार आफ्नो स्रोत विकास गर्दछ।

(तु-मूले यहाँ अध्याय 2 बाट सैन-लुएहको उद्धरण दिन्छन्। युद्धको समयमा राजकुमारले आफ्ना सेनाहरूलाई बलद्वारा नियन्त्रण गर्दछ, तिनीहरूलाई राम्रो विश्वासका साथ एकताबद्ध राख्छ, र बहादुरीको लागि पुरस्कारद्वारा सेवाको लागि योग्य बनाउँछ। यसको विपरीत, विश्वासको कमी भयो भने हरेक योजना अधुरो रहन्छन्। यदि सिपाहीहरूलाई बहादुरीको लागि पुरस्कृत गरिएन भने, आदेशलाई सधैँ सम्मान गरिनेछैन।)

17. तपाईंले केही फाइदाहरू नदेखेसम्म नहिँड्नुहोस्। केही हासिल नभएसम्म आफ्नो सेनालाई प्रयोग नगर्नुहोस्, गम्भीर परिस्थितिहरू विकसित नभएसम्म लड्नुहोस्।

(पुस्तकमा सुन-जू कहिलेकाहीँ अत्यधिक सतर्क देखिन्छन्, तर उनी ताओ-ते-चिंगले कल्पना गरेको दिशामा कहिल्यै अघि बढेनन्। ताओ-ते-चिंग भन्छन्- म पहल गर्ने हिम्मत गर्दिन, तर आफूलाई बचाउन रुचाउँछु; म एक इन्च अगाडि बढ्न हिम्मत गर्दिन, तर एक कदम पछि हट्न रुचाउँछु।)

18. शासकले आफ्नो रिस पोख्न र बहादुरी देखाउन मात्र आफ्नो सिपाहीहरूलाई मैदानमा पठाउनु हुँदैन। कुनै पनि सेनापतिले व्यक्तिगत मतभेदका कारण युद्ध लड्नु हुँदैन।

19. यदि युद्धले तपाईंलाई फाइदा गरिरहेको छ भने, अगाडि बढ्नुहोस्; यदि यसले नोक्सान गरिरहेको छ भने, तपाईं जहाँ हुनुहुन्छ त्यहीं बस्नुहोस्।

[यो XI बाट दोहोर्याइएको छ। यहाँ मलाई आश्वासनको भावना छ। यो स्पष्ट छ कि नियमहरू पालना अवश्ये गर्नुपर्छ।)

20. जसरी समय बित्दै जाँदा, क्रोध खुशीमा परिणत हुन सक्छ; त्यसैगरी दुःख भोगेपछि पनि सन्तुष्टि मिल्छ।

21. तर एक पटक ध्वस्त भएको राज्य फेरि कहिल्यै अस्तित्वमा आउन सक्दैन।

(वू राज्य यस भनाइको एकल उदाहरण बन्नको लागि भाग्यमा थियो।)

न त मरेका मानिसहरूलाई फेरी जीवित अवस्थामा ल्याउन सकिन्छ।

22. त्यसैले, युद्धको समयमा, एक प्रबुद्ध शासक होसियार र एक राम्रो सेनापति सतर्क हुन्छ। यो देशलाई शान्त र सेनालाई एकताबद्ध राख्ने तरिका हो।

(1) "बाघको ओडारमा प्रवेश नगरेसम्म बाघका बच्चाहरूलाई नियन्त्रण गर्न सकिँदैन।"

XIII

जासूसहरूको प्रयोग

1. सुन-जू भन्छन्: एक लाख सैनिकको फौज जम्मा गरेर धेरै टाढासम्म लैजाँदा जनताको ठुलो हानि हुन्छ। यो प्रक्रियामा राज्यको स्रोतसाधनको ठुलो नोक्सानी हुन्छ। एक दिनको खर्च एक हजार औंस चाँदी बराबर छ।

घर-बाहिर कोलाहल मच्चिनेछ र सिपाहीहरू थाकेर राजमार्गमा ढल्नेछन्।

(चांग-यूले सैनिकहरूको अनावश्यक मार्चलाई राज्यको खजाना लुट्ने रूपमा वर्णन गर्दछ र एउटा भनाइलाई सम्झाउँदै यो गम्भीर अपराध भएको बताए। आफ्नो स्वेच्छा अनुसार यात्रा भइरहेका बेला राजमार्गमा भार र यातायातका कारण किन थकित भईरहेको उनीहरूको प्रश्न छ। यसको जवाफ भनेको परिवहनको क्रममा खाद्यान्न मात्र नभई युद्धका सबै प्रकारका सामान पनि सेनालाई पुर्‍याउने गरेको छ। यसका अलावा शत्रुलाई प्रलोभनमा पार्नका लागि पनि यस्ता देखावटी अभियान चलाइन्छ। जब सेना शत्रुको इलाकामा भित्रसम्म पुग्छन्, तब तिनीहरूको प्रत्येक सुविधाको ख्याल राख्नुपर्छ। त्यसैले खाद्यान्नको लागि शत्रुको भरमा नभई हाम्रा सैनिकहरूलाई खाना उपलब्ध गराउनुपर्छ। यसका लागि परिवहन जारी राख्नुपर्छ, ताकि आपूर्तिको निर्बाध प्रवाह होस्। मरुभूमिजस्ता ठाउँहरूमा जहाँ जीवन दुर्गम छ, त्यहाँ आपूर्तिमा विशेष ध्यान दिनुपर्छ।)

यो कामका कारण सात लाख परिवारको अवस्था बिग्रन सक्ने अनुमान छ।

2.   एक दिन जिल्ने आशामा शत्रु सेनाहरू वर्षौंसम्म एक अर्काको सामना गर्न सक्छन्। त्यसो हो भने त्यो अमानवीयताको पराकाष्ठा हो। सम्मान र वेतनका नाममा सय औंस चाँदी खर्चको भार उठाउन नचाहेर अनजान रहनुहुन्छ।

(सुन-जूको सम्झौता पक्कै सरल छ। उनले जनतालाई डरलाग्दो पीडा, रक्तपात र खजानाको ठूलो खर्चको बारेमा सचेत गराउन थाल्छन्। अब, जबसम्म तपाईं शत्रुको स्थिति बारे सचेत हुनुहुन्न, र सही समयमा आक्रमण गर्न तयार हुनुहुन्न, युद्ध वर्षौंसम्म टिक्न सक्छ। यो जानकारी प्राप्त गर्ने एक मात्र तरिका जासूसहरूलाई काममा लगाउनु हो, र भरपर्दो जासूसहरू फेला पार्न असम्भव छ जबसम्म उनीहरूलाई उनीहरूको सेवाहरूको लागि उचित भुक्तानी दिइँदैन। तर, युद्ध चलिरहँदा हरेक दिन ठूलो रकम खर्च हुन्छ भन्ने थाहा पाएर यस उद्देश्यका लागि तुलनात्मक रूपमा थोरै रकम खर्च गर्नु पक्कै पनि गलत अर्थतन्त्र हो। यो गम्भीर बोझ गरिबको काँधमा पर्छ, र त्यसैले सुन-जूले जासुसको प्रयोगलाई बेवास्ता गर्नु मानवता विरुद्धको अपराध भन्दा कम होइन भन्ने निष्कर्ष निकाल्छन्।)

3.   यस प्रकारको काम गर्ने व्यक्ति सिपाहीहरूको नेता हुन सक्दैन। ऊ आफ्नो राजाको राम्रो सहायक होइन, न त युद्ध जिल्ने कलामा विज्ञ छ।

(युद्धको वास्तविक उद्देश्य शान्ति हो भन्ने धारणाको जरा चिनियाँहरूको राष्ट्रिय प्रकृतिमा छ। 597 ईसा पूर्वमा पनि, चूका राजकुमार चुआङ्ले चरित्रलाई 'उच्च दक्षता'को लागि आवश्यक भएको बताए। उनले आफ्नो भनाइमा 'कुनै ठाउँमा स्थिर रहने' र 'एउटा भाला' पनि प्रयोग गरेका छन्। कुनै पनि सेनाको शक्ति क्रूरताको दमन, हतियारको आह्वान, राज्यको उन्नति र यसको संरक्षणमा देखिन्छ। राज्यमा योग्यताको खोजी गर्नु, प्रजालाई सुख-सुविधा उपलब्ध गराउनु, राजकुमारहरू बिच सद्भाव कायम गर्नु र धनसम्पत्ति फैलाउनु पनि सेनाको मुख्य काम हो।)

4.   यसरी, पूर्वज्ञानले बुद्धिमान राजा र असल सेनापतिलाई आक्रमण गर्न र जिल्न सक्षम बनाउँछ। यसले आम जनतालाई उनीहरूको पहुँचभन्दा बाहिरका चीजहरूमा पहुँच दिन्छ।

(अर्थात्, शत्रुको प्रकृति र उसले गर्न चाहेको ज्ञान नै पूर्वज्ञान हो।)

5. अब यो पूर्वज्ञान बसेर प्राप्त गर्न सकिदैन। यो या त प्रायोगिक वा प्रेरक रूपमा प्राप्त गर्न सकिँदैन (विशेष घटनाहरूबाट सामान्य सिद्धान्तहरू कोर्दै)।

(तु-मूको नोटः 'शत्रुको ज्ञान' अन्य समान विषयहरूबाट तर्क गरेर प्राप्त गर्न सकिँदैन।)

न त यो निगमनात्मक गणना द्वारा प्राप्त गर्न सकिन्छ (सामान्य नियमहरूबाट विशेष घटनाहरू अनुमान गर्दै)।

(ली-चुआन भन्छन्: लम्बाइ, चौडाइ, दूरी र परिमाण जस्ता मात्राहरू सटीक हुनसक्छन् किनभने तिनीहरू गणितीय रूपमा निर्धारण गर्न सकिन्छ। यसरी मानवीय कार्यहरूको कुनै निश्चित गणना गर्न सकिँदैन।)

6. शत्रुको स्वभावको ज्ञान अरूसँग कुरा गरेर मात्र प्राप्त गर्न सकिन्छ।

(मेई याओ-चेनसँग एउटा रोचक नोट छ: आत्मा संसारको ज्ञान अनुमान द्वारा प्राप्त गर्न सकिन्छ; प्राकृतिक विज्ञानको बारेमा जानकारी तर्कद्वारा खोज्न सकिन्छ; ब्रह्माण्डको नियमहरू गणितीय हिसाबले प्रमाणित गर्न सकिन्छ, तर शत्रुको प्रकृति जासुस र जासुसहरू मार्फत मात्र थाहा पाउन सकिन्छ।)

7. त्यसैले जासूसहरूको प्रयोग गर्न आवश्यक छ। यसका त्यहाँ पाँच वर्गहरू छन्: (1) स्थानीय जासूस; (2) भित्री जासूस; (3) परिवर्तित जासूस; (4) कतैबाट निष्कासन गरिएका जासुसहरू; (5) ती जासूसहरू जो बाँचे।

8. जब यी पाँच प्रकारका जासूसहरू तपाईंको लागि काम गर्दैछन्, कसैले तपाईंको गोप्य योजना पत्ता लगाउन सक्दैन। यस क्रममा सानु भन्दा सानु सिक्रीको माखेसाइलो जोडिन्छ। ठगीका योजनाहरू चलाइन्छन्। यो राजाको सबैभन्दा बहुमूल्य योग्यता हो।

(सबै घोडचढी सेनापतिहरू मध्ये सबैभन्दा ठुलो र सबैभन्दा व्यावहारिक क्रामवेल थिए। उनीसँग स्काउट मास्टर्स भनिने केही अधिकारीहरूको एउटा समूह थियो, जसको काम स्काउट र जासूस आदि मार्फत् शत्रुको सम्भावित जानकारी संकलन गर्नु थियो। यसरी युद्धमा शत्रुले बनाएको रणनीति पहिल्यै खुल्ला लाग्यो। शत्रु सेनाको हरेक गतिविधि थाहा हुन थाल्यो। (1)

9.   स्थानीय जासुस राख्नु भनेको शत्रु सेनाको जिल्लाका नागरिकहरूको सेवा लिनु हो।

(तु-मू भन्नुहुन्छः आफ्नो दयालु व्यवहारले शत्रु देशका जनतालाई जित्नुहोस्। तिनीहरूलाई विश्वासमा लिनुहोस् र तिनीहरूलाई जासूसको रूपमा प्रयोग गर्नुहोस्।)

10.   आन्तरिक जासूस राख्नु भनेको शत्रु सेनाका अधिकारीहरूको प्रयोग गर्नु हो।

(तु-मूले यस सन्दर्भमा राम्रो सेवा गर्न सक्ने वर्गहरूको गणना गरेका छन्। पदबाट बदनाम भएका योग्य व्यक्तिहरू। सजाय पाएका अपराधीहरू। सुनका गहनाको लोभमा परेकी मन परेकी रखेल। मातहतको पदमा काम गर्दा दुखी भएको पुरुष। जागिरका लागि परीक्षा उत्तीर्ण भएर पनि नियुक्ति नभएका व्यक्तिहरू। अरु कतिपय व्यक्ति जसले आफ्नो क्षमता र प्रतिभा देखाउने मौका नपाएर चिन्तित छन्। यस प्रकारका मानिसहरूलाई गोप्य रूपमा सम्पर्क गर्नुपर्दछ र उनीहरूलाई महँगो उपहार दिएर आफ्नो शिविमा सामेल गर्नुपर्छ। उनीहरुलाई विश्वासमा लिएर शत्रुको बारेमा जानकारी लिनुपर्छ। यसरी तपाईंले शत्रुको देशको अवस्थाको पत्ता लगाउन सक्नुहुनेछ। आफ्नो विरुद्धमा बनाइएको योजना पत्ता लगाउन सक्नुहुन्छ। यसबाहेक शत्रुहरूले देशको सद्भावना बिगार्न सक्छन्। राजा र उनका मन्त्रीहरू बिच विचारको मतभेद सिर्जना गर्न सक्छ। तसर्थ, भित्री जासूसहरूसँग व्यवहार गर्दा अत्यधिक सावधानी आवश्यक छ। यो हो-शिहसँग सम्बन्धित ऐतिहासिक घटनाबाट स्पष्ट हुन्छ। आई-चाउका गभर्नर लो-शाङले आफ्नो सेनापति वेई-पोलाई शूको विद्रोही ली-ह्सियूङ्माथि आक्रमण गर्न पठाए। प्रत्येक पक्षले धेरै जित र पराजयको स्वाद चाखिसकेपछि, ली-ह्सियूङ वू-तूको मूल निवासी पो-ताईको समीप गए। ली-ह्सिङले उसलाई रगत नआएसम्म कुटपिट गरे र त्यसपछि सहर भित्रबाट उहाँलाई सहयोग गर्ने प्रस्ताव राख्दै लो-शाङ पठाए। ली-ह्सिङले सही समय आएपछि उनलाई सेनापति बनाउने संकेत गरेका थिए। यी प्रतिज्ञाहरूमा विश्वास गर्दै, लो-शाङले सबै उत्कृष्ट सिपाहीहरूलाई बाहिर ल्याए र लिलामीमा व्यस्त पो-ताईलाई आक्रमण गर्न तयार हुन वेई-पो र अरूलाई आदेश दिए। यसैबिच, ली-सिउङ्का कमाण्डर ली-ह्सियूङ्ले लो-शाङको मार्चिङ

सेनालाई आक्रमण गर्ने तयारी गरिरहेका थिए। पो-ताइले सहरको पर्खाल पछाडि लामो सिँढीहरू खडा गरेर युद्धको मशाल बाल्दै थिए। वेई-पोका मानिसहरूले मशालको संकेत बुझेर तिनीहरू दौडन थाले। तिनीहरू जति सक्दो चाँडो सिँढीहरू चढे, जबकि अरूलाई तलबाट डोरीले तानियो। लो-शाङ्का सयभन्दा बढी सिपाहीहरू सहरमा प्रवेश गरे। सहरमा प्रवेश गर्ने बित्तिकै सबैको टाउको कटियो। यसपछि ली-ह्सियूङ्ले आफ्ना सबै सेनासहित सहर भित्र र बाहिर आक्रमण गरे र शत्रुलाई पूर्ण रूपमा पराजित गरे। यो 303 ईस्वीमा भएको थियो। मलाई थाहा छैन हो-शिहले यो कथा कहाँबाट पाए। यो ली-ह्सियूङ् वा उनका बुबा ली टी, चिन-शूको जीवनीमा उल्लेख गरिएको छैन।)

11. रूपान्तरित जासूस राख्नु भनेको शत्रुका जासूसहरूलाई पक्रनु र तिनीहरूलाई आफ्नै फाइदाको लागि प्रयोग गर्नु हो।

(मुख्य उदेश्य शत्रु सेनालाई ठुलो घूस लिएर शत्रुको सेवाबाट अलग गर्ने उदार वाचा लिएर गलत सूचना पठाउनुका साथै आफ्नै देशवासीको जासुसी गर्न प्रेरित गर्नु हो। अर्कोतर्फ, ह्सियाओ-शिह-ह्सिन भन्छन् कि हामी ध्यान नदिने बहाना गर्छौं, र अर्को पक्षलाई गलत छाप दिने प्रयास पनि गर्छौं। धेरै टिप्पणीकारहरूले यसलाई वैकल्पिक परिभाषाको रूपमा स्वीकार्छन्; तर यो सुन-जूको अर्थ होइन। अर्को देशका जासूसहरूको उपचारको बारेमा उनको पछिल्ला टिप्पणीहरू निर्णायक रूपमा सही साबित भयो। हो-शिहले यो प्रमाणित गर्न तीनवटा अवसरहरू उद्धृत गरे, जहाँ अर्को देशका जासूसहरू स्पष्ट सफलताका साथ प्रयोग गरियो। (1) ची-मोको रक्षामा टिएन-टैन द्वारा (पृष्ठ 90 हेर्नुहोस्); (2) ओ-यूको समर्थनमा चाओ-शीको मार्च (पृष्ठ 57 हेर्नुहोस्); र 260 ईसा पूर्वमा धूर्त फैन-चूको सैन्य मार्च, जब लियेन-पोले चिन विरुद्ध रक्षात्मक अभियान चलाइरहेका थिए। चाओका राजाले लियेन-पोको सावधानी र दीर्घकालीन विधिहरूलाई कडा रूपमा अस्वीकार गरे, जसले सानातिना प्रकोपहरूको श्रृंखलालाई रोक्न असमर्थ थिए। बरु उनले आफ्ना जासुसहरूको रिपोर्टमा ध्यान दिए, जो गोप्य रूपमा शत्रुमा गएका थिए र फैन-चूका लागि काम गरिरहेका थिए। उनले भने कि चिनलाई चिन्ता गर्ने एउटै कुरा चाओ-

कुआलाई सेनापति बनाउनु पर्छ। तिनीहरू लियेन-पोलाई एक सजिलो प्रतिद्वन्द्वी मान्छन् जसले लामो समयसम्म पराजित हुने निश्चित छ। उहाँ बाल्यकालदेखि नै युद्ध र सैन्य मामिलाको अध्ययनमा पूर्णतया व्यस्त हुनुहुन्थ्यो र अन्ततः सम्पूर्ण साम्राज्यमा उहाँको विरुद्धमा खडा हुन सक्ने कोही सेनापति छैन भन्ने विश्वास गर्न पुगे। उनको यो अत्याधिक अहङ्कार देखेर बुबा धेरै दुखी हुनुहुन्थ्यो। जुन चञ्चलताको साथ उनले युद्ध जस्तो गम्भीर कुराको कुरा गरे र कुआलाई सेनापति नियुक्त गरियो भने, उनले चाओको सेनालाई तहसनहस पार्ने घोषणा गर्यो। आफ्नी आमा र अनुभवी राजनीतिज्ञ लिन सियाङ-जूको कडा विरोधको बाबजुद पनि उनले लियेन-पोको उत्तराधिकारीका लागि पठाए। भन्न आवश्यक छैन, उहाँ पो-ची र चिनको ठुलो सैन्य शक्तिको लागि कुनै मेल खाएनन्। सञ्चारको अभावका कारण सेना दुई भागमा विभाजित भयो र बिच्छ्याइएको जालमा फसे। 46 दिनको चरम निराशा र प्रतिरोध पछि, भोका सिपाहीहरू एकअर्कामा फर्किए। उनी आफैँ तीरले मारिए र उनको 400,000 मानिसहरूको सम्पूर्ण सेनालाई क्रूरतापूर्वक तरवारमा राखियो।)

12.   पहिले नै निष्कासन गरिसकेका जासुसहरूलाई राख्नु भनेको धोखा दिने उद्देश्यले केही कुराहरू खुला रूपमा गर्नु हो, ताकि समाचार जासूससम्म पुगोस् र उसले शत्रुलाई बुझायो।

(तु-यूले यस अर्थको उत्कृष्ट विवरण दिन्छ: हामी हाम्रा आफ्नै जासूसहरूलाई धोका दिन धेरै कुराहरू गर्छौं, जसलाई विश्वास गर्न प्रेरित गर्नुपर्छ कि हामीले यो अनजानमा गरेका छौं। त्यसपछि, जब यी जासूसहरूले शत्रुसँग सम्पर्क स्थापित गर्छन्, तिनीहरूले पूर्ण रूपमा गलत सूचनाहरू सुनाउने गर्नेछन् र शत्रुले त्यही गलत समाचार अनुसार आफ्नो रणनीति बनाउँदछ। यसबाट, क्षेत्रको अवस्था तपाईंको पक्षमा जानेछ। तर, जासुसलाई शत्रुले जानकारी पाउने बित्तिकै मारिनेछ। पहिले नै बाहिर निकालिएका जासुसहरूको उदाहरणको रूपमा, हो-शिहले यार्कन्डको विरुद्धको अभियानमा पान-चाओद्वारा रिहा गरिएका कैदीहरूलाई उल्लेख गरे। (पृष्ठ 132 हेर्नुहोस्) उहाँले ताई-चिलनलाई पनि बुझाउनुहुन्छ। टर्कीको कान-चिह-लीलाई 630 ईस्वीमा ताई-त्सुङ्ले काल्पनिक सुरक्षामा स्थानान्तरण गर्न पठाएका

थिए, जबसम्म ली-चिङ्ले जालमा फस्न अगाडि आएनन्। चाङ-यू भन्छन् कि टर्कीहरूले ताङ-चिएनलाई मारेर बदला लिए। तर, यहाँ एउटा गल्ती देखिन्छ, किनकि हामीले पुरानो र नयाँ ताङ इतिहासमा पढेका छौं कि उनी भागे र 656 ईस्वी सम्म बाँचे। ली-आ10:50 08-01-2022 ई-चीले 203 ईसा पूर्वमा यस्तै भूमिका खेलेको थियो, जब हानका राजाले उनलाई चीसँग शान्तिपूर्ण वार्ता गर्न पठाए। उनले पक्कै पनि आफूलाई देशबाट निकालिएको जासुसको रूपमा वर्णन गरे। चीको राजा पछि हान-सीन द्वारा चेतावनी बिना आक्रमण गरियो। जब चीका राजाले ली-आई-चीको विश्वासघातको बारेमा सुने, उनले रिसाएर सन्देशवाहकलाई जिउँदै उमालेको आदेश दिए।)

13.   बाँकी जासुसहरू ती हुन् जसले शत्रुको शिविरबाट खबरहरू ल्याउँछन्।

(यो जासूसहरूको सामान्य वर्ग हो, उचित रूपमा तथाकथित, र सेनाको नियमित भाग गानिन्छ। तु-गू भन्छन्, तपाईंको जासुस तिखो बुद्धिको हुनुपर्छ यद्यपि बाहिरबाट उ मूर्ख र अज्ञानी जस्तो देखिन सक्छ। उसको चाहना फलाम जस्तै कडा हुनुपर्छ। ऊ सक्रिय हुनुपर्छ, बलियो शारीरिक बल र साहसले सम्पन्न हुनुपर्छ। सबै प्रकारका छल र चालहरूमा निपुण हुनुहोस्, भोक र चिसो सहने र लाज र अपमान सहन सक्षम हुनुपर्छ। हो-शिहले सुई राजवंशको ताह्सी-वूको कथा बताउँछन्: जब उनी पूर्वी चिनको गभर्नर थिए, चीको शेन-वूले शा-युआन विरुद्ध शत्रुतापूर्ण आन्दोलन सुरु गरे।

सम्राट ताई-त्सूले ता-ह्सी-वूलाई शत्रुको जासुसी गर्न पठाए। उनीसँगै अन्य दुई जना पनि थिए। तीनै जना घोडामा सवार र शत्रुको पोसाकमा निस्किए। अँध्यारो भएपछि उनीहरू शत्रुको क्याम्पबाट केही सय मिटरको दुरीमा आएर गोप्य रूपमा शत्रुको क्याम्पमा पुगे र उनीहरूको कुराकानी सुन्न थाले। उनीहरूले शत्रु सेनाले प्रयोग गरेको पासवर्ड कब्जा गर्न सफल नभएसम्म सुनिरहे। त्यसपछि तिनीहरू आफ्ना घोडाहरू चढे र पहरेदारहरूको भेषमा निडरतासाथ शिविरबाट निस्के। उनीहरूका अगाडि शत्रु सिपाहीहरूले एक पटक भन्दा बढी अनुशासन उल्लंघन गरे। बाटोमा उनले पनि अपराधीलाई बोलाउन रोक्किए। यसरी तिनीहरूले शत्रुको प्रकृति बारे पूर्ण सम्भावित जानकारी लिएर फर्कन सफल भए। उनीहरूले राजालाई सबै जानकारी दिए। राजाले

उनीहरूको न्यानो प्रशंसा गरे। जासुसहरूले ल्याएको रिपोर्ट विरोधी राजालाई ठुलो हार दिन पर्याप्त थियो।)

14. **सम्पूर्ण सेनामा कोही पनि छैन जससँग जासूसको नजिकको सम्बन्ध हुनसक्छ।**

(तु-मू र मेई-याओ-चेन व्याख्या गर्छन् कि जासूसले सेनापतिको निजी सुत्ने शिविरमा प्रवेशको विशेषाधिकार भेट्टाओस्।)

सम्पूर्ण सेनामा कोही पनि छैन जसलाई आवश्यकता भन्दा बढी उदारतापूर्वक पुरस्कृत गर्नुपर्छ। यो काममा अन्य काम भन्दा बढी गोप्यता चाहिन्छ।

(तु-मू भन्छन् कि जासूसहरूसँग सबै कुराकानीहरू यति चुपचाप गर्नुपर्छ कि मुखको शब्द केवल कानले मात्र सुनोस्। जासूसहरूमा निम्न टिप्पणीहरू ट्यूरेनबाट उद्धृत गर्न सकिन्छ, जसले सम्भवतः कुनै पनि अघिल्लो सेनापतिको तुलनामा सेनाको बढी प्रयोग गरेको थिए। तिनीहरू भन्छन् कि जासूसहरू तिनीहरूसँग जोडिएका छन् जसले उनीहरूलाई सबैभन्दा बढी सम्मान गर्छन्, जसले उनीहरूलाई प्रदान गर्ने सेवा भन्दा बढी तिर्छन् र यो कहिल्यै प्रकट गर्दैनन्। तिनीहरूले यस बारे कसैलाई थाहा दिनु हुँदैन; न त तिनीहरूले एकअर्कालाई चिन्ने कुनै भावना देखाउनुपर्छ। जब राजाले उपहारको रूपमा धेरै दिन प्रस्ताव गर्छन्, उसले आफ्ना जासुसहरूलाई सुरक्षित राख्छ। वा आफ्ना पत्नी र छोराछोरीहरूलाई वफादारीको बन्धकको रूपमा आफ्नो हिरासतमा राख्छन्। तिनीहरूलाई कहिल्यै केही नभन्नुहोस्। आफैलाई सोध्नुहोस् कि यो के हो कि तिनीहरूले जान्न आवश्यक छ। (2)

15. **एक निश्चित सहज ज्ञान, दूरदर्शिता र बुद्धि बिना जासुसको प्रयोगबाट कुनै लाभ प्राप्त गर्न सकिँदैन।**

(तथ्यहरू जान्न जासूसहरूको प्रयोग गर्न, मेई याओ-चेन भन्छन् अनिवार्य छ। तिनीहरू झूट पनि बोल्न सक्छन्। इमानदारी र दोहोरो व्यवहारको बिचमा फरक छुट्याउन सक्नुपर्छ। एउटा फरक व्याख्यामा, वाङ-ह्सीले अन्तर्ज्ञान र सामान्य ज्ञानको रेखामा थप सोच्छन्। तु-मूले एउटा अपरिचितका जसरी यी विशेषताहरूलाई जासुसहरू आफैलाई बुझाउँछन्: जासूसहरू प्रयोग गर्नु अघि हामीले तिनीहरूको चरित्र,

तिनीहरूको अनुभव र सीपको दायराको सत्यताको बारेमा आफैलाई आश्वस्त पार्नु पर्छ। तर उनी अझै भन्छन् कि लज्जाहीन अनुहार र धूर्त स्वभाव पहाड वा नदी भन्दा खतरनाक हुन्छ। यो बुझ्नका लागि एक प्रतिभा हुनुपर्छ। ताकि हामीलाई उनीहरूको विचारको सत्यतामा कुनै शंका नहोस्।)

16. दया र सीधापन बिना जासूसहरू राम्रोसँग व्यवस्थापन गर्न सकिँदैन।

(चाङ-यू भन्छन्: जब तपाईँले तिनीहरूलाई पर्याप्त आकर्षक प्रस्तावहरू द्वारा आकर्षित गर्नुहुन्छ, तपाईँले तिनीहरूसँग अत्यन्त इमानदारीका साथ व्यवहार गर्नुपर्छ। यसको मतलब तपाईँले गरेको वाचामा फर्किनु हुँदैन। तब मात्र तिनीहरूले तपाईँको लागि पूर्ण शक्तिका साथ काम गर्नेछन्।)

17. आफ्नो मन लागू नगरी र चतुर नभएर, तिनीहरूले दिएको जानकारी पछाडिको सत्यको बारेमा कोही पनि पक्का हुन सक्दैन।

(मेई याओ-चेन भन्छन्: जासूसहरूबाट सावधान रहनुहोस्। तिनीहरू जुनसुकै बेला शत्रुको सेवामा जान सक्छन्। यो सम्भावनालाई आफ्नो दिमागबाट कहिल्यै ननिकाल्नुहोस्।)

18. सूक्ष्म बन्नुहोस्! सूक्ष्म हुनुहोस्! सबै प्रकारका कामको लागि आफ्नो जासूस प्रयोग गर्नुहोस्।

19. यदि कुनै गोप्य समाचार तपाईँलाई कुनै जासुसले समयभन्दा अगावै ल्यायो भने, तपाईँलाई यो जानकारी दिने व्यक्ति र त्यो जासुसलाई एकै समयमा मृत्युदण्ड दिनुपर्छ।

(यहाँ शब्द अनुवादको लागि शब्द छ, यदि हाम्रो योजनाहरू पूरा हुनु अघि जासुसी मुद्दाहरू सुनिन्छन्। यहाँ सुन-जूको अर्थ के हो, तपाईँले गुप्तचर खुलासा गरेको सजायको रूपमा जासूसलाई आफैलाई मार्ने आदेश दिनुहुन्छ। अर्को व्यक्तिलाई मार्नुको उद्देश्य मात्र हो, चेन-हाओले भनेझैँ, उसलाई चुप लगाउन र समाचारको थप चुहावट रोक्नु। यो घटना अरुमाथि भइसकेको भए यस्तो घटना बाहिर आउने थिएन। जे भए पनि, सुन-जूले आफूलाई अमानवीयताको आरोपको लागि खुला छोड्छन्। यद्यपि तु-मूले उसलाई बचाउन खोज्छन् कि त्यो मानिस मर्न योग्य छ, किनकि जासूसले पक्कै पनि यो रहस्य तबसम्म

बताउन सक्दैन जबसम्म अर्कोले यो बताउन आतुर छैन। जासुसहरूले अरूमाथि आफ्नो श्रेष्ठता प्रमाणित गर्न हतारमा यसो गर्छन्।)

20. उद्देश्य सेनालाई कुचल्नेको होस्, सहरमा आक्रमण गर्ने वा व्यक्तिलाई मार्नेको होस्। सेवकहरू, सहायकहरू, द्वारपालहरू, र सेनापतिका सन्तरीहरूको नामहरू पत्ता लगाएर सुरु गर्नुहोस्।

(तु-यूका अनुसार शाब्दिक रूपमा आगन्तुक भन्नाले सेनापतिलाई शत्रुहरूको बारेमा निरन्तर जानकारी दिने मानिसहरूलाई बुझिन्छ। यो स्वाभाविक रूपमा तिनीहरूसँग बारम्बार अन्तर्वार्ताको आवश्यक छ।)

यसका लागि हामी हाम्रा जासूसहरू तैनाथ गर्न सक्छौँ।

(पहिलो चरणको रूपमा, यी कुनै पनि महत्त्वपूर्ण अधिकारीहरू घूस दिएर किन्न सकिन्छ कि भनेर पत्ता लगाउन आवश्यक छैन।)

21. हाम्रो जासुसी गर्न आएका शत्रु जासुसहरूलाई भेट्टाउन, घुसको प्रलोभनमा पार्न सकिन्छ, त्यस्तालाई पक्राउ गरी आराममा राख्नुपर्छ। यसरी तिनीहरू परिवर्तित जासूस हुनेछन् र सधैँ हाम्रो सेवाको लागि उपलब्ध हुनेछन्।

22. रूपान्तरित जासूसले हामीलाई दिएको जानकारी मार्फत्, हामी धेरै स्थानीय र भित्री जासूसहरू किन्न सक्छौँ।

(तु-यू भन्छन्, शत्रुका जासुसलाई आफ्नो गोठमा लिएर शत्रुको आन्तरिक अवस्था थाहा हुन्छ। र चाङ-यू विश्वास गर्छन् कि हामीले शत्रु शिविरबाट जासुसहरूलाई हाम्रो सेवामा लैजानुपर्छ, किनभने उनीहरूलाई थाहा छ कि कुन शत्रु देशको को को लोभी छन् र कुन अधिकारीहरू भ्रष्ट छन्। यो जानकारी शत्रुको विरुद्ध हाम्रो स्थिति बलियो बनाउन आवश्यक छ।)

23. उसले दिएको जानकारीकै कारण जासुस मार्फत् शत्रु राजा र सेनालाई झूटा समाचार पठाउँछौँ।

(चाङ-यू भन्छन्, किनभने शत्रु शिविरबाट जासूसले शत्रुलाई कसरी धोका दिने भनेर जान्दछन्।)

24. अन्त्यमा, उसले प्रदान गरेको जानकारी निश्चित समयमा जीवित जासूसहरूले प्रयोग गर्न सकिन्छ।

25. सबै पाँच प्रकारको जासुसीको लक्ष्य र उद्देश्य शत्रुसँग सम्बन्धित जानकारी प्राप्त गर्नु हो। यो जानकारी पहिलो नजरमा केवल रूपान्तरित जासूसबाट मात्र प्राप्त गर्न सकिन्छ।

(जस्तै 22-24 मा व्याख्या गरिएझैँ। उसले तपाईंलाई आफैँलाई ठुलो जोखिममा जानकारी मात्र ल्याउँछ, तर नाफाको लागि अन्य प्रकारका जासूसहरू प्रयोग गर्न पनि सम्भव बनाउँछ।)

तसर्थ, परिवर्तित जासूसलाई अत्यन्त उदारताका साथ व्यवहार गर्नु आवश्यक छ।

26. पुरातन समयमा यिन राजवंशको उदय भएको थियो

(सुन-जूको अर्थ हो 1766 ईसा पूर्वमा स्थापना भएको शाङ राजवंश हो। यसलाई 1401 मा पान केङ द्वारा यिन नाम दिइएको थियो।)

पहिले चिहका कारण

(यिनीहरूलाई आई-यिम भनेर चिनिन्छन्। यी पनि प्रसिद्ध सेनापति र राजनेता थिए जसले चीह-पुईको विरुद्ध चेङ-ताङको अभियानमा भाग लिएका थिए।)

जसले हसिया अन्तर्गत सेवा पनि गरेका थिए। त्यसैगरी, लु-याका कारण चाउ वंशको उत्पत्ति भएथ्यो।

(लू-शाङ तानाशाह चाउ-ह्सियनको अधीनमा उच्च पदमा पुगे, जसलाई उनले पछि परास्त गर्न मद्दत गरे। तिनीहरू ताई-कुङको रूपमा मानिसहरू बिच लोकप्रिय छन्। उनले युद्ध सम्बन्धी एउटा ग्रन्थ रचना गरेको भनिएको छ, जसको शीर्षक, वेन वाङद्वारा दिइएको थियो, गल्तीले लियू-ताओले लेखेको हो भन्ने विश्वास गरिएको थियो।)

जसले यिन अधीनमा सेवा गरे।

(चिनियाँ भाषा त्यति सटीक छैन जति मैले मेरो अनुवादमा प्रस्तुत गर्न उपयुक्त ठानेको छु। अध्यायहरू बिचका टिप्पणीहरू कुनै पनि हिसाबले स्पष्ट छैनन्। तर, सन्दर्भलाई ध्यानमा राख्दै, हामी यसमा शंका गर्न सक्दैनौँ सुन-जूले आई-चिह र लू-यालाई रूपान्तरित जासूसहरूको चम्किलो उदाहरणको रूपमा प्रस्तुत गर्दैनन्, वा तिनीहरूलाई तारकीय भन्दा कमको रूपमा प्रस्तुत गर्ने प्रयास गर्दैनन्। उनले सुझाव

दिन्छन् कि हसिया र यिन राजवंशहरू आफ्ना कमी कमजोरीहरूको पर्दाफासबाट समस्याग्रस्त थिए। दुवै वंशका पूर्व मन्त्रीहरूले यी कमी-कमजोरीको जानकारी अर्कालाई दिइरहेका थिए। मेई-याओ-चैनले ऐतिहासिक नामहरू यिन र लू-यामा त्यस्तो कुनै पनि थोपरेको आक्षेपको विरोध गरेको देखिन्छ। यिन र लू-या सरकार विरुद्ध विद्रोह गर्नेहरूमध्ये थिएनन्, उनी भन्छन्। हसियाले लू-यालाई आफ्नो हेरचाहमा राख्न सकेन, त्यसैले यिनले उनलाई आफ्नो पखेटामुनि लगे। जसलाई यिनले काम दिएनन्, होउले उसलाई काममा राखे। उहाँका महान उपलब्धिहरू सबै मानिसहरूको भलाइका लागि थिए। हो-शिह पनि क्रोधित छन्: म र लू जस्ता दुई सिद्ध पुरुषहरूले कसरी साधारण जासूसको रूपमा काम गर्ने सोचेका थिए? सुन-जूको उनको उल्लेखको अर्थ यो हो कि जासुसका पाँच वर्गहरूको उचित प्रयोग भनेको एउटा यस्तो कुरा हो जसमा म र लू जस्ता उच्च मानसिक क्षमता भएका मानिसहरू आवश्यक पर्दछ, जसको बुद्धि र क्षमताले उनीहरूलाई कार्यको लागि योग्य बनायो। माथिका शब्दहरूले यस बिन्दुलाई मात्र जोड दिन्छ। जासूसको प्रयोगमा कथित कौशलताका कारण मात्र दुई नायकको उल्लेख गरिएको हो-शिह विश्वास गर्छन्। तर यो सही होइन।)

27. तसर्थ जासुसीको माध्यमबाट शत्रु सेनाको राम्रो जानकारी प्राप्त गर्ने ज्ञानी शासक र बुद्धिमान सेनापतिले मात्रै हुन्छ र यसरी प्राप्त जानकारी युद्धमा उत्कृष्ट नतिजा प्राप्त गर्न सहयोगी साबित हुन्छ।

(तु-मूले चेतावनी दिएर आफ्नो नोट बन्द गर्छन्: इङ्गलाई एक किनारबाट अर्को किनारमा लैजाने पानीले जसले इङ्गलाई बिचमा डुबाउन पनि सक्छ। त्यसैले युद्धको नतिजा तपाईंको पक्षमा भए पनि, जासूसहरूमा भर पर्नु राम्रो होइन। कहिलेकाहीँ यो तपाईंको पूर्ण विनाशको कारण पनि हुन सक्छ।)

कुनै पनि युद्धमा जासुसहरूले सबैभन्दा महत्त्वपूर्ण र निर्णायक भूमिका खेल्छन्। उनीहरूले दिएको जानकारीका आधारमा बन्ने रणनीतिमा सेनाको पदयात्रा भर पर्छ।

(चिया-लिन भन्छन् कि जासुस बिनाको सेना भनेको कान वा आँखा नभएको मानिस जस्तै हो।)

LIST OF TITLES WITH ISBN NO.

ISBN	TITLE
9788194914129	1984
9789390575220	1984 & Animal Farm (2In1)
9789390575572	1984 & Animal Farm (2In1): The International Best-Selling Classics
9789390575848	35 Sonnets
9789390575329	A Clergyman's Daughter
9789390575923	A Study In Scarlet
9789390896097	A Tale Of Two Cities
9789390896837	Abide in Christ
9789390896202	Abraham Lincoln
9789390896912	Absolute Surrender
9789390896608	African American Classic Collection
9789390575305	Aldous Huxley: The Collected Works
9789390896141	An Autobiography of M. K. Gandhi
9789390575886	Animal Farm
9789390575619	Animal Farm & The Great Gatsby (2In1)
9789390575626	Animal Farm & We
9789390896158	Anna Karenina
9789390575534	Antic Hay
9789390896165	Antony & Cleopatra
9789390896172	As I Lay Dying
9789390896226	As You like it
9789390575671	At Your Command
9789390575350	Awakened Imagination
9789390575114	Be What You Wish
9789390896233	Believe In yourself
9789390896998	Best of Charles Darwin: The Origin of Species & Autobiography
9789390896684	Best Of Horror : Dracula And Frankenstein
9789390575503	Best Of Mark Twain (The Adventures of Tom Sawyer AND The Adventures of Huckleberry Finn)
9789390896769	Black History Collection
9789390575756	Brave New World, Animal Farm & 1984 (3in1)

9789390896240	Brother Karamzov
9789390575053	Bulleh Shah Poetry
9789390575725	Burmese Days
9789390896257	Bushido
9789390896066	Can't Hurt Me
9788194914112	Chanakya Neeti: With The Complete Sutras
9789390896042	Crime and Punishment
9789390575527	Crome Yellow
9789390575046	Down and Out in Paris and London
9789390896844	Dracula
9789390575442	Emersons Essays: The Complete First & Second Series (Self-Reliance & Other Essays)
9789390575749	Emma
9789390575817	Essential Tozer Collection - The Pursuit of God & The Purpose of Man
9789390896578	Fascism What It Is and How to Fight It
9789390575688	Feeling is the Secret
9789390575190	Five Lessons
9789390575954	Frankenstein
9789390575237	Franz Kafka: Collected Works
9789390575282	Franz Kafka: Short Stories
9789390575060	George Orwell Collected Works
9789390575077	George Orwell Essays
9789390575213	George Orwell Poems
9788194914150	Greatest Poetry Ever Written Vol 1
9788194914143	Greatest Poetry Ever Written Vol 1
9789390896301	Gulliver's Travel
9789390575961	Gunaho Ka Devta
9789390575893	H. P. Lovecraft Selected Stories Vol 1
9789390575978	H. P. Lovecraft Selected Stories Vol 2
9789390896059	Hamlet
9789390575022	His Last Bow: Some Reminiscences of Sherlock Holmes
9789390896134	History of Western Philosophy
9789390575121	Homage To Catalonia

9789390896219	How to develop self-confidence and Improve public Speaking
9789390896295	How to enjoy your life and your Job
9789390575633	How to own your own mind
9789390896318	How to read Human Nature
9789390896325	How to sell your way through the life
9789390896370	How to use the laws of mind
9789390896387	How to use the power of prayer
9789390896028	How to win friends & Influence People
9788194824176	How To Win Friends and Influence People
9789390896103	Humility The Beauty of Holiness
9789390896653	Imperialism the Highest Stage of Capitalism
9789390575084	In Our Time
9789390575169	In Our Time & Three Stories and Ten poems
9789390575145	James Allen: The Collected Works
9789390896189	Jesus Himself
9789390575480	Jo's Boys
9789390896394	Julius Caesar
9789390575404	Keep the Aspidistra Flying
9789390896400	Kidnapped
9789390896424	King Lear
9789390575824	Lady Susan
9789390896455	Law of Success
9789390896264	Lincoln The Unknown
9789390575565	Little Men
9789390575640	Little Women
9788194914174	Lost Horizon
9789390896462	Macbeth
9789390896929	Man Eaters of Kumaon
9789390896523	Man The Dwelling Place of God
9789390896349	Man The Dwelling Place of God
9789390575909	Mansfield Park
9788194914136	Manto Ki 25 Sarvshreshth Kahaniya
9789390896509	Marxism, Anarchism, Communism
9789390575664	Mathematical Principles of Natural Philosophy

ISBN	Title
9788194914198	Meditations
9789390575800	Mein Kampf
9789390575794	Memory How To Develop, Train, And Use It
9789390896486	Mind Power
9789390896585	Money
9789390575039	Mortal Coils
9789390575770	My Life and Work
9789390896035	Narrative of the Life of Frederick Douglass
9789390575152	Neville Goddard: The Collected Works
9789390575985	Northanger Abbey
9789390896530	Notes From Underground
9789390896547	Oliver Twist
9789390575459	On War
9789390575541	One, None and a Hundred Thousand
9789390896554	Othelo
9789390575435	Out Of This World
9789390575015	Persuasion
9789390575510	Prayer The Art Of Believing
9789390575091	Pride and Prejudice
9789390896561	Psychic Perception
9789390575381	Rabindranath Tagore - 5 Best Short Stories Vol 2
9789390575367	Rabindranath Tagore - Short Stories (Masters Collections Including The Childs Return)
9789390575374	Rabindranath Tagore 5 Best Short Stories Vol 1 (Including The Childs Return
9789390896622	Romeo & Juliet
9789390896127	Sanatana Dharma
9789390575596	Seedtime & Harvest
9789390896639	Selected Stories of Guy De Maupassant
9789390575206	Self-Reliance & Other Essays
9789390575176	Sense and Sensibility
9789390575299	Shyamchi Aai
9789390896738	Socialism Utopian and Scientific
9789390896646	Success Through a Positive Mental Attitude
9789390575428	The Adventures of Huckleberry Finn

9789390575183	The Adventures of Sherlock Holmes
9789390575343	The Adventures of Tom Sawyer
9789390896691	The Alchemy Of Happiness
9789390575862	The Art Of Public Speaking
9789390896288	The Autobiography Of Charles Darwin
9788194914181	The Best of Franz Kafka: The Metamorphosis & The Trial
9789390575008	The Call Of Cthulhu and Other Weird Tales
9789390575107	The Case-Book of Sherlock Holmes
9789390896110	The Castle Of Otranto
9789390896745	The Communist Manifesto
9789390575589	The Complete Fiction of H. P. Lovecraft
9789390575497	The Complete Works of Florence Scovel Shinn
9789390896820	The Conquest of Breard
9789390896813	The Diary of a Young Girl
9789390896332	The Diary of a Young Girl The Definitive Edition of the Worlds Most Famous Diary
9789390575701	The Great Gatsby, Animal Farm & 1984 (3In1)
9789390575312	The Greatest Works Of George Orwell (5 Books) Including 1984 & Non-Fiction
9789390575992	The Hound of Baskervilles
9789390896707	The Idiot
9789390896714	The Invisible Man
9789390575657	The Knowledge of the holy
9789390575558	The Law & the Promise
9789390896721	The Law Of Attraction
9789390896776	The Leader in you
9789390896363	The Life of Christ
9789390896196	The Man-Eating Leopard of Rudraprayag
9789390896783	The Master Key to Riches
9789390575268	The Memoirs Of Sherlock Holmes
9789390896479	The Midsummer Night's Dream
9789390575466	The Mill On The Floss
9789390896790	The Miracles of your mind
9789390896660	The Mutual Aid A Factor in Evolution
9789390896448	The Origin of Species

9789390896905	The Peter Kropotkin Anthology The Conquest of Bread & Mutual Aid A Factor of Evolution
9789390896806	The Picture of Dorian Gray
9789390896271	The Picture of Dorian Gray
9789390575275	The Power Of Awareness
9789390896356	The Power of Concentration
9788194824169	The Power of Positive Thinking
9789390575411	The Power of the Spoken Word
9788194914105	The Power Of Your Subconscious Mind
9789390896899	The Power of Your Subconscious Mind
9789390896417	The Principles of Communism
9789390575787	The Psychology Of Mans Possible Evolution
9789390896615	The Psychology of Salesmanship
9789390575732	The Pursuit of God
9789390575398	The Pursuit of Happiness
9789390896851	The Quick and Easy Way to effective Speaking
9789390575947	The Return Of Sherlock Holmes
9789390575138	The Road To Wigan Pier
9789390896981	The Root of the Righteous
9789390575855	The Science Of Being Well
9788194914167	The Science Of Getting Rich, The Science Of Being Great & The Science Of Being Well (3In1)
9789390896011	The Screwtape Letters
9789390896073	The Screwtape Letters
9789390575336	The Secret Door to Success
9789390575695	The Secret Of Imagining
9789390896868	The Secret Of Success
9789390896431	The Seven Last Words
9789390575930	The Sign of the Four
9789390896004	The Sonnets
9789390896516	The Souls of Black Folk
9789390896875	The Sound and The Fury
9789390575244	The State and Revolution
9789390896882	The Story of My Life
9789390896936	The Story Of Oriental Philosophy

9789390896752	The Strange Case of Dr. Jekyll and Mr. Hyde
9789390896943	The Tempest
9789390575916	The Valley Of Fear
9789390575879	The Wind in the willows
9789390896080	The Wind in the willows
9789390575763	Their eyes were watching gofd
9789390575831	Three Stories
9789390896950	Twelfth Night
9789390896592	Twelve Years a Slave
9789390896677	Up from Slavery
9789390896974	Value Price and Profit
9789390896967	Wake Up and Live
9789390896493	With Christ in the School of Prayer
9789390575602	Your Faith is Your Fortune
9789390575473	Your Infinite Power To Be Rich
9789390575251	Your Word is Your Wand
9789390575718	Youth
9789391316099	A Christmas Carol
9789391316105	A Doll's House
9789391316501	A Passage to India
9789391316709	A Portrait of the Artist as a Young Man
9789391316112	A Tale of Two Cities
9789391316747	A Tear and a Smile
9789391316167	Agnes Gray
9789391316174	Alice's Adventures in Wonderland
9789391316136	Anandamath
9789391316181	Anne Of Green Gables
9789391316754	Anthem
9789391316198	Around The World in 80 Days
9789391316013	As A Man Thinketh
9789391316242	Autobiography of a Yogi
9789391316266	Beyond Good and Evil
9789391316761	Bleak House
9789391316778	Chitra, a Play in One Act
9789391316310	David Copperfield

9789391316075	Demian
9789391316785	Dubliners
9789391316051	Favourite Tales from the Arabian Nights
9789391316235	Gitanjali
9789391316068	Gravity
9789391316150	Great Speeches of Abraham Lincoln
9789391316662	Guerilla Warfare
9789391316839	Kim
9789391316822	Mother
9789391316211	My Childhood
9789391316846	Nationalism
9789391316327	Oliver Twist
9789391316853	Pygmalion
9789391316334	Relativity: The Special and the General Theory
9789391316389	Scientific Healing Affirmation
9789391316341	Sons and Lovers
9789391316587	Tales from India
9789391316372	Tess of The D'Urbervilles
9789391316396	The Awakening and Selected Stories
9789391316402	The Bhagvad Gita
9789391316303	The Book of Enoch
9789391316228	The Canterville Ghost
9789391316907	The Dynamic Laws of Prosperity
9789391316006	The Great Gatsby
9789391316860	The Hungry Stones and Other Stories
9789391316433	The Idiot
9789391316440	The Importance of Being Earnest
9789391316297	The Light of Asia
9789391316914	The Madman His Parables and Poems
9789391316457	The Odyssey
9789391316921	The Picture of Dorian Gray
9789391316464	The Prince
9789391316938	The Prophet
9789391316945	The Republic
9789391316518	The Scarlet Letter

9789391316143	The Seven Laws of Teaching
9789391316525	The Story of My Experiments with Truth
9789391316532	The Tales of the Mother Goose
9789391316549	The Thirty Nine Steps
9789391316594	The Time Machine
9789391316600	The Turn of the Screw
9789391316983	The Upanishads
9789391316617	The Yellow Wallpaper
9789391316426	The Yoga Sutras of Patanjali
9789391316990	Ulysses
9789391316624	Utopia
9789391316679	Vanity Fair
9789391316020	What Is To Be Done
9789391316686	Within A Budding Grove
9789391316693	Women in Love